Nadine Gelhaus

Futterfibel

Nadine Gelhaus

Futterfibel

Hunde gesund ernähren

Oertel+Spörer

Bildnachweis
Titelbild: Dr. Gabriele Lehari
Innenteilbilder:
Dr. Gabriele Lehari S. 10, 15, 17, 21 u., 24, 26, 28, 31, 34, 35, 39 (2), 42, 44, 45, 47, 49, 57, 58, 61, 64, 68, 70, 71, 74, 75
Alle anderen Bilder von der Autorin

Bibliografische Information der Deutschen Nationalbibliothek
Die Deutsche Nationalbibliothek verzeichnet diese Publikation in der Deutschen Nationalbibliografie; detaillierte bibliografische Daten sind im Internet über http://dnb.d-nb.de abrufbar.

© **Oertel+Spörer Verlags-GmbH + Co. KG · 2013**
Postfach 16 42 · 72706 Reutlingen
Alle Rechte vorbehalten
Schrift: Meta 9/11 pt
Lektorat: Dr. Gabriele Lehari
DTP und Repro: raff digital gmbh, Riederich
Druck und Bindung: Oertel+Spörer Druck und Medien-GmbH+Co., Riederich
Printed in Germany
ISBN ISBN 978-3-88627-855-8

Inhalt

Vorwort

Jeder Hundehalter möchte das Beste für sein Tier. Dazu gehört auch eine gesunde und möglichst artgerechte Ernährung. In der heutigen Zeit ist es aber angesichts des großen Angebotes an Futtermitteln schwer geworden zu entscheiden, was nun wirklich gut für unsere Vierbeiner ist.

Mit diesem Buch möchte ich Ihnen eine Basis für die richtige Ernährung Ihres Hundes und das wichtige Hintergrundwissen dazu vermitteln sowie Ihnen Mut machen, dass Sie nichts falsch machen können, wenn Sie einige Kleinigkeiten beachten.

Denn vor allem gilt: Die Vielfalt macht die Ausgewogenheit.

Die Frage, die ich immer wieder meinen Kunden stelle, ist:

Haben Sie für sich oder Ihr Kind auch einen ausgeklügelten Ernährungsplan?

Stellen Sie sich täglich die Frage, ob Sie oder Ihr Kind ausreichend Kalzium, Magnesium, Phosphor oder gar B-Vitamine zu sich nehmen?

Nein?

Oder gehen Sie einmal monatlich zu Ihrem Dermatologen oder gar Internisten und kaufen dort Fertiggerichte ein, da nur diese aufgrund Ihres Gesundheitszustands oder besser Krankheitszustands gegessen werden dürfen?

Nein?

Dann möchte ich Sie jetzt mit diesem Buch ermutigen, dass Sie es schaffen, Ihren Hund gesund und ausgewogen zu ernähren. Hierfür gebe ich Ihnen einen kleinen Leitfaden und Sie werden sehen, es ist gar nicht schwer!

Dieses Buch ist kein Rezept- oder Kochbuch, sondern Sie finden darin alle wichtigen Informationen rund um die gesunde Ernährung des Hundes – von den wichtigsten Bestandteilen der Nahrung, der richtigen Zusammensetzung und Menge bis hin zu einigen wertvollen Tipps, wenn doch mal gesundheitliche Probleme auftauchen.

Mit einer gesunden und ausgewogenen Ernährung ist der Grundstein für ein langes Hundeleben gelegt.

Die Welt des Fertigfutters

Mittlerweile werde ich fast täglich in meiner Praxis mit neuen Futtermitteln konfrontiert. Daher kann ich verstehen, dass Hundebesitzer durch die Vielfalt der Produkte völlig irritiert sind und sich häufig die Fragen stellen: Was soll ich füttern? Was ist gesund und was nicht? Trockenfutter, Dosenfutter aus reinem Fleisch oder als Menü, BARF oder Kochen?

Was ist das Richtige und vor allem das Gesündeste für meinen Hund?

Fangen wir an, Licht ins Dunkle zu bringen, und gehen Schritt für Schritt vor. Zuerst möchte Ihnen einige Fertigfutterarten vorstellen, damit Sie ein Gefühl für die Deklarationen – die im wirklich sehr klein Gedruckten irgendwo auf der Packung zu finden sind – bekommen und sehen, dass es dabei enorme Unterschiede gibt. Denn am Ende müssen Sie selbst entscheiden, was Sie Ihrem Hund füttern möchten.

Hunde können nicht fragen, was wohl im Futter enthalten ist.

Das Trockenfutter

Bei dem erhältlichen Trockenfutter werden zunächst zwei verschiedene Sorten unterschieden: **extrudiertes Trockenfutter** (meist handelsüblich) und **kalt gepresstes Trockenfutter.**

Bei dem extrudierten Futter werden alle Bestandteile hoch erhitzt. Bei dem kalt gepressten findet zwar auch ein Erwärmungsprozess statt, allerdings werden die Bestandteile weniger hoch erhitzt als bei den extrudierten Futterarten. Wenn das Futter kalt gepresst wurde, finden Sie einen entsprechenden Hinweis auf der Verpackung.

Der Vorteil des kalt gepressten Futters ist lediglich, dass es schonender hergestellt wird und im Hundemagen nicht mehr so stark aufquillt, sondern leichter „zerfällt".

Extrudiertes Futter quillt sehr stark auf und ist dementsprechend schwerer zu verdauen. Der Aufquelleffekt ist übrigens auch oft verantwortlich für die Magendrehung beim Hund.

Außerdem werden diesem Trockenfutter synthetische Vitamine zugefügt, da die natürlich in den Rohstoffen vorkommenden Vitamine durch die Erhitzung zerstört werden.

9

Nur das Aussehen des Trockenfutters sagt nicht unbedingt etwas über die Qualität aus.

Worauf sollte man beim Kauf von Trockenfutter achten?

Ich möchte vorweg sagen, dass ich kein Freund von Trockenfutter bin. Da ich mit diesem Buch aber nichts verteufeln, sondern eher aufklären will, möchte ich Sie für die Deklarationen bei den Fertigfuttermitteln sensibilisieren. Denn es gibt in diesem Bereich wirklich enorme Unterschiede.

Lassen Sie sich nicht von der Verpackung blenden, sondern schauen Sie, was wirklich drin ist.

Bei einem guten Trockenfutter sollte das Fleisch in der Zusammensetzung an erster Stelle stehen, gefolgt von Gemüse, kohlenhydrathaltigen Bestandteilen (wie zum Beispiel Reis, Kartoffeln, Hirse, Topinambur, Hafer, Mais) sowie Beeren und Kräutern.

In einer Deklaration steht immer das, wovon am meisten drin ist, an erster Stelle, gefolgt von dem Zweitmeisten und so weiter. Häufig wird die Menge auch in Prozentzahlen angegeben, wobei man auch hier wieder darauf achten muss, auf welche Menge sich diese Prozente beziehen.

Einen Anteil an Kohlenhydraten wie von Kartoffeln, Mais, Reis, Topinambur (Süß-kartoffeln), Kochbananen oder Ähnlichem werden Sie immer im Trockenfutter finden. Der Anteil an Stärke (Stärke klebt!) aus den genannten kohlenhydrathaltigen Stoffen wird gebraucht, damit die einzelnen Bestandteile sich miteinander verbinden und daraus zum Beispiel eine Krokette gepresst werden kann.

Einige Hersteller nutzen allerdings auch Verwirrungstaktiken, wie zum Beispiel alle Getreidesorten einzeln aufzulisten, damit der Anteil an Fleisch so an erster Stelle stehen kann, obwohl er einen viel geringeren Anteil als die kohlenhydrathaltigen Rohstoffe einnimmt.

Beispiel

Zusammensetzung: Fleisch, Mais (30 %), Hafer, Weizen, Karotten etc.

Würde der Hersteller alle Getreidesorten zusammenrechnen, könnte der Anteil an Fleisch nicht mehr an erster Stelle stehen. Dies ist der Beweis dafür, dass nicht alle Deklarationen immer korrekt sind, aber völlig legitim.

Woran erkenne ich nun ein gutes Trockenfutter?
Kurz zusammengefasst kann man sagen, es sollte einen relativ hohen Fleischanteil haben, der auch entsprechend deklariert ist, wie zum Beispiel Fleisch vom Huhn.

Die Bestandteile

Auf den Verpackungen der Futtermittel sind immer Mengenangaben in Prozent zu folgenden Begriffen zu finden: Rohproteine, Rohasche, Rohfasern und Rohfett. Aber was bedeuten sie eigentlich?
Diese oben genannten Begriffe sagen leider nicht sehr viel über die Qualität der Bestandteile im Futter aus. Die chemische Analyse muss aber auf jedem Futter ausgewiesen sein. Dafür gibt es keinen nennenswerten Grund.

Hinter dem Begriff **Rohprotein** steckt der Gehalt an Eiweißen, der wiederum nicht aussagt, ob es sich um Fleisch oder andere tierische Bestandteile wie Federn, Krallen und Ähnliches handelt.

Als **Rohfett** bezeichnet man die Fette im Futter. Auch hier sollte darauf geachtet werden, um welche Öle und Fette es sich hierbei handelt. Denn häufig wird die Herkunft nicht deklariert. So könnte dort zum Beispiel stehen Lachsöl, Hanföl, Olivenöl und so weiter. Wird hier nichts angegeben, könnte es sich theoretisch auch um das Altöl aus der Frittenbude von nebenan handeln.

Dann finden Sie noch den Begriff **Rohasche.** Dieser Wert wird ermittelt, indem das Futter in einem speziellen Ofen verbrannt und dann die Zusammensetzung der restlichen Asche analysiert wird. Diese besteht dann vor allem aus Mineralstoffen und Spurenelementen. In manchen Fertigfuttersorten werden auch diese dem Futter künstlich zugesetzt.

Die Bezeichnung **Rohfaser** deklariert nichts anderes als Ballaststoffe, die sich im Futter befinden. Dies können irgendwelche Reste von Pflanzen, Getreide, vielleicht auch Federn oder Fellreste sein.

Zum Schluss gibt es noch den Begriff **Zusatzstoffe.** Dies sind Stoffe, die dem Futter zugesetzt werden, wie zum Beispiel synthetisch – also künstlich – her-

gestellte Vitamine, Aminosäuren, Mineralstoffe und Spurenelemente. Würden dem Futter diese Substanzen nicht zugesetzt, könnte man nicht von einer Vollnahrung sprechen und davon ausgehen, dass der Hund auf längere Sicht mangelversorgt ist. Informationen darüber, was diese Substanzen im Organismus anrichten können, finden Sie noch weiter hinten im Buch.

Die Deklaration

Anhand folgender drei Beispiele möchte ich Sie auf die Unterschiede, wie ein Futter deklariert sein kann, aufmerksam machen. Dann können auch Sie als Laie feststellen, welcher Hersteller eine sogenannte **offene Deklaration** vornimmt und durch die Auswahl an Bestandteilen auf seine Qualitätsmerkmale aufmerksam macht und welcher eben nicht. Dann spricht man von einer **geschlossenen** oder einer **halboffenen Deklaration.**

Da es sich bei Trockenfutter – wie der Name schon sagt – um ein Nahrungsmittel handelt, dem man das meiste Wasser entzogen hat, muss einem Hund, der Trockenfutter erhält, natürlich immer ausreichend Wasser zur Verfügung stehen. Oder man weicht das Futter vorher in Wasser ein, sodass es aufquillt und der Hund beim Fressen die erforderliche Flüssigkeit gleich mit aufnimmt.

Auch bei Trockenfutter gibt es viele verschiedene Sorten und Qualitäten.

Die Angaben zur Menge, die einem Hund in Bezug auf das Körpergewicht pro Tag verfüttert werden soll, sind immer nur Richtwerte. Hier muss man selbst wissen, ob der Hund ein guter oder schlechter Futterverwerter ist und vielleicht eher zum Dickwerden neigt oder eher sehr aktiv ist und viel Energie verbrennt. Entsprechend müssen die Mengen dann erhöht oder verringert werden.

Beispiel 1

Zusammensetzung:	Huhn (> 20 %), Mais, Weizen, Sorghumhirsemehl, Gerste, tierisches Fett, Geflügelmehl, getrocknete Zucker-rübenschnitzel, Hühnerproteinhydrolysat, Trockenvollei, Bierhefe, Kaliumchlorid, Natriumchlorid, Natriumhexame-taphosphat, Fischöl, DL-Methionin, Leinsamen, Glucosa-minhydrochlorid, Chondroitinsulfat
Zusatzstoffe:	Beta-Carotin 1,0 mg, Feuchtigkeit 8,0 %, Kalzium 1,0 %, Kupfer 25,0 mg, Phosphor 0,85 %, Rohasche 7,0 %, Rohfaser 3,0 % Rohfett 13,0 % Rohprotein 23,0 %, Vitamin A 12000,0 IU, Vitamin D3 750,0 IU, Vitamin E (Tocopherole) 200,0 mg, metabolisierbare Energie 3919,0 kcal

Beispiel 2

Zusammensetzung:	Getrocknetes Wildfleisch, Kartoffeln, getrocknetes Kaninchenfleisch, Kartoffelstärke, Lammfett, Leinsamen, Lammleber, Thymian, Majoran, Petersilie, Salbei, Orega-no, Honig, Traubenkernextrakt, Erbsen, Äpfel, Karotten, Tomatenpüree, Seepflanzen, Preiselbeeren, Bockshorn-klee, Anissamen, Löwenzahn, Spirulina, Ringelblumen, Bananen, Brennnessel, Weißdorn, Ginseng, Brombeeren, Himbeeren, Heidelbeeren, Johannisbeeren, Holunder-beeren, Aroniabeeren, Gerstengras, Meersalz, Taurine, Lysine, Minerale und Vitamine (incl. DL-Methionine, probiotische Stoffe, Fructooligosaccharide und Manna-noligosaccharide), Yucca-Schidigera-Extrakt, L-Carnitin, Beta-Carotin

Beispiel 3

Zusammensetzung:	Aufgeschlossene geschälte Hirse, getrockneter Lachs, Johannisbrot, Kokosfett, Lachsöl, Bierhefe, Karotten, Bananen, Kalk aus Meeresalgen, Malzkeime, Kieselgur, Ackerschachtelhalm, Hagebutten, Petersilie, Brombee-ren, Artischocken, Fenchel, Löwenzahn sowie Keimlinge aus Nackthafer und Braunhirse

Das Dosenfutter

Beim Dosenfutter kann man grundsätzlich zwei Sorten unterscheiden: die „Menüdose", die als Alleinfutter angeboten wird, und die „Reinfleischdose", in der nur Fleisch enthalten ist. Grundsätzlich muss man bei Dosenfutter auch berücksichtigen, dass es – egal von welcher Sorte – einen enorm hohen Wasseranteil hat, der häufig die größte Menge der Inhaltsstoffe ausmacht. Auch hier gilt wie bei anderen Fertigfuttern, dass die Mengenangabe für den täglichen Bedarf eines Hundes nur Richtwerte sind und jeder sie an die Bedürfnisse seines Hundes anpassen muss.

Die Menüdose

Bei der sogenannten Menüdose sind außer Fleisch auch noch ähnlich wie beim Trockenfutter andere Bestandteile im Futter enthalten. Die Zusammensetzung lässt sich ebenso wieder der Deklaration auf der Verpackung entnehmen.
Auch bei diesen Produkten wird Ihnen sofort auffallen, wer eine offene Deklaration und meiner Meinung nach einen Qualitätsanspruch für sich stellt und wer nicht. Im Folgenden finden Sie wiederum drei Beispiele, wie die Deklaration auf der Packung aussehen kann. Hier ist klar – ebenso wie beim Trockenfutter –, dass die erste Beschreibung wesentlich weniger aufschlussreich über die Zusammensetzung ist als die beiden weiteren Beispiele.

Beispiel 1

Zusammensetzung:	Fleisch und tierische Nebenerzeugnisse (42 %, u.a. 4 % 5 Sorten Geflügel), Getreide, Fisch und Fischnebenerzeugnisse, Mineralstoffe, pflanzliche Nebenerzeugnisse (0,5 % Zuckerrübenschnitzel), Öle und Fette (0,5 % Sonnenblumenöl)

Beispiel 2

Zusammensetzung:	Putenmuskelfleisch (21 %), Putenherzen (20 %), Hähnchenmägen (20 %), Kürbis (18 %), Tomaten, Buchweizen, Hirse, Weizenkeimöl, Hagebutten, Schnittlauch, Kamille (1 %), geschroteter Leinsamen, Bio-Eierschalenpulver (0,5 %), Seealge (0,4 %), Blütenpollen (0,2 %)
Zusatzstoffe:	Kieselgut (= Kieselerde) 1,1 g/kg

Beispiel 3

Zusammensetzung:	Huhn mit Reis besteht aus 50 % Hühnerbrust und Hälsen, 25 % Karotten, 24,5 % Naturreis, 0,5 % Leinöl

In diesem Dosenfutter sind laut Deklaration nur Fleisch und Brühe enthalten, also weder Getreide noch Gemüse.

Die Reinfleischdose

Immer mehr Hersteller bieten in ihrem Programm auch sogenannte Reinfleischdosen an. Ich persönlich gebe meinen Hunden kein Menüdosenfutter, sondern bevorzuge als Alternative zu Frischfleisch die Reinfleischdose, da ich das Verhältnis von Fleisch zu Gemüse lieber individuell für meine Hunde zusammenstelle und gegebenenfalls noch spezielle Kräuter hinzufüge. Es ist eine gute Alternative zu Frischfleisch zum Beispiel für den Urlaub, aber auch, wenn ich mal vergessen habe, Fleisch aufzutauen oder frisch einzukaufen.

Wichtig!

Bitte beachten Sie, wenn Sie eine Reinfleischdose füttern, auch Gemüse – ob in gekochter, roher oder getrockneter Form – mit unterzumischen. Selbstverständlich können Sie zusätzlich noch Getreide-, Reis- oder Kartoffelflocken hinzufügen. Denn unsere Hunde sind keine reinen Fleischfresser!

Auch wenn ich Reinfleischdosen den Vorzug gebe, gibt es hier ebenso Unterschiede, wie Ihnen wieder die beiden folgenden Beispiele zeigen.

Beispiel 1	
Zusammensetzung:	Rind (30 %), Muskelfleisch, Innereien, Leber, Schwarten, Lunge, Flachsöl, Rübenfaser (0,2 %)
Zusatzstoffe pro kg:	Vitamin D3 200 I.E., Vitamin E 20 mg, Zink (als Zinkoxid) 13 mg
Beispiel 2	
Zusammensetzung:	Brustfleisch, Hälse, Gemüsebrühe *Anmerkung des Herstellers:* Der Muskelfleischanteil unserer Reinfleischdosen liegt bei 70 %.
Zusammensetzung:	100 % Pute bestehend aus Putenfleisch, Putenleber, Putenherz, Putenhälse, Putenhaut aus Lebensmittelproduktion *Anmerkung des Herstellers:* 100 % Rohstoffe aus der Lebensmittelproduktion Ohne künstliche Aroma-, Farb- und Konservierungsstoffe Mit 100% frischem Fleisch Ideal zum Mischen mit Flocken und/oder Gemüse Deutsches Qualitätsprodukt aus streng kontrollierter Herstellung

Hundegeruch durch falsche Ernährung

Zum Schluss möchte ich noch anmerken, dass man den Unterschied, ob ein Hund gutes oder minderwertiges Fertigfutter bekommt, nicht nur sehen, sondern manchmal auch riechen kann.

In meiner Praxis fällt mir häufig auf, dass Hunde, die mit minderwertigem Trockenfutter ernährt werden, oft einen starken Eigengeruch haben. Dieser kommt bei dem einen eher aus dem Maul, bei dem anderen eher vom Fell, wobei es eigentlich nicht das Fell ist, welches unangenehm riecht, sondern die Ausdünstungen über das Fell von innen heraus.

Warum riecht der Hund dann aber so?

Alles was der Hund frisst, muss verstoffwechselt werden, und je mehr Stoffwechselabbauprodukte anfallen, desto mehr Giftstoffe lagern sich im Organismus ein. Wenn der Organismus diese Giftstoffe (hierzu gehören stoffwechseleigene Toxine sowie Fremdtoxine wie zum Beispiel Farbstoffe, Konservierungsmittel, Antioxidantien, Dünge- und Spritzmittel oder minderwertige Komponenten des Futters) nicht ausschwemmen kann, da seine Stoffwechselorgane – vor allem Le-

Ein glänzendes Fell, gute Zähne und kein unangenehmer Eigengeruch zeigen, dass dieser Hund richtig ernährt wird.

ber und Niere – überlastet sind, lagern sich diese Giftstoffe, die auch Schlacken genannt werden, irgendwo im Organismus ab.

Der Organismus versucht die Toxine erst einmal in der Peripherie, das heißt irgendwo dort, wo der Organismus in seiner Funktion nicht eingeschränkt ist, abzulagern. Als Deponien werden zuerst der Sehnen- und Bänderapparat genutzt sowie das Bindegewebe. Wenn dort bereits zu viel Müll angelagert wurde, werden diese Schlacken dann im Bereich der Gelenke abgelagert.

Je mehr Giftstoffe sich im Körper des Hundes ansammeln und je mehr die Stoffwechselorgane belastet werden, desto weniger Schlacken können ausgeschieden werden. Bei genauerer Betrachtung eines Hundes, der mit minderwertigem Fertigfutter ernährt wird, sieht man, dass er wie aufgeschwemmt aussieht. Das liegt an den unnatürlichen Stoffen, die das Fertigfutter für den Hund schmackhaft machen sollen, wie zum Beispiel Glutamat oder auch Zucker (dieser ist teilweise immer noch als Inhaltsstoff auf der Verpackung aufgeführt).

Geschmacksverstärker sind Verbindungen aus Salz, Hefe und Aromen. Diese findet man auch im Trockenfutter unserer Hunde, allerdings brauchen sie laut Gesetz nicht deklariert zu werden. Ohne diese Stoffe würde der Hund wahrscheinlich das Futter nicht fressen. Auch man selbst riecht diese Stoffe, sobald man die Tüte des Futters öffnet. Und wenn man das Futter in die Hände nimmt, hinterlässt es häufig einen Fettfilm und einen intensiven Geruch auf der Haut. Geschmacksverstärker haben zusätzlich den Nachteil, dass sie das Sättigungsgefühl unterdrücken oder fast ausschalten. Das kennt man auch aus unserer Nahrung, nämlich von den allseits beliebten Chips. Fängt man einmal an, kann man kaum wieder aufhören.

Welche Auswirkung hat das für den Hund?

Ein Mangel an Proteinen macht sich häufig dadurch bemerkbar, dass der Hund alles „inhaliert", was ihm vor die Pfoten kommt. Häufig sind die Symptome nicht eindeutig und schulmedizinisch nicht messbar, der Besitzer hat das Gefühl „etwas stimmt nicht, der Hund macht einen schlappen Eindruck".

Der Überschuss an Mineralstoffen zeigt sich eindeutig an den Zähnen: Zahnstein über Zahnstein, obwohl das Trockenfutter doch so gut dagegen helfen soll.

Aber nicht nur das, sondern auch Karies macht sich breit – wodurch nur? Könnte es vielleicht an dem Zucker, der einigen Futtersorten zugefügt wird, liegen?

Ein Überschuss an Vitaminen kann sich wiederum ganz unterschiedlich auswirken. Der eine Hund reagiert darauf mit einer allergischen Reaktion, beim anderen schlägt sich der Überschuss vielleicht auf der Leber nieder. Erkrankungen durch synthetische Vitamine manifestieren sich häufig auch erst nach Jahren, sodass man niemals einen Zusammenhang vermuten würde.

Frischfutter selbst zubereitet

Kommen wir nun zum selbstgemachten Frischfutter. Muss hier irgendetwas Besonderes beachtet werden?

Ja und Nein, denn wichtig ist: Die Vielfalt ergibt die Ausgewogenheit!

Das heißt aber nicht, dass täglich unendlich viele Nahrungsmittel angeboten werden müssen, sondern vielmehr, dass die Vielfalt über einen längeren Zeitraum wie nach einer Woche oder einem Monat stimmen sollte.

Sie können nichts falsch machen, wenn Sie ein paar kleine Regeln beachten, die im Folgenden aufgeführt werden. Grundvoraussetzung ist natürlich, dass Ihr Hund gesund ist!

Schauen Sie sich aber erst einmal Ihren Hund genau an: Was ist er für ein Typ? Neigt er zum Dickwerden, ist er eher dünn oder soll er so bleiben wie er ist? Ist er schon ein älteres Semester oder noch ein junger Hüpfer oder vielleicht in den besten Jahren?

Das Wichtigste bei der Ernährung ist es, immer individuell auf die Bedürfnisse seines Hundes einzugehen. Was der eine Hund gut verträgt und verdaut, kann der andere vielleicht überhaupt

Sehr aktive Hunde benötigen mehr Futter als eher ruhige Artgenossen.

Fleisch ist die wichtigste Nahrungskomponente.

nicht vertragen. Es ist genauso wie bei uns Menschen! Und wenn der Hund ein guter Futterverwerter ist, benötigt er kleinere Portionen als ein Hund, der eher ein schlechter Futterverwerter ist.

Die Nahrungskomponenten

Es ist wichtig zu wissen, was ein Hund generell für Nahrungskomponenten benötigt, um ihm jeweils das richtige Menü zusammenstellen zu können. Im Folgenden finden Sie einen kleinen Überblick über die verschiedener Komponenten, und zwar in der Reihenfolge ihrer Wichtigkeit.

Fleisch und Fisch
Fleisch ist die wichtigste Nahrungskomponente und wird daher gleich an erster Stelle aufgeführt. Fleisch enthält essenzielle Aminosäuren (Eiweiße), die lebensnotwendig sind, um Reparatur- und Aufbauprozesse an Gewebe, Organen und der Struktur vorzunehmen. Aminosäuren müssen dem Organismus über die Nahrung zugeführt werden, da sie vom Körper selbst nicht hergestellt werden können.
Milchprodukte wie Quark, Hüttenkäse oder Joghurt und Fisch sind eine abwechslungsreiche tierische Eiweißquelle, die zwischendurch ein- oder zweimal in der Woche anstatt Fleisch gefüttert werden können.

19

Achtung, Schweinfleisch!

Sie können in der Regel alle Fleischsorten roh füttern bis auf Schweinefleisch. Dies könnte mit dem Virus, der die Aujeszky'sche Krankheit hervorruft, welche bei Hunden immer zum Tod führt, belastet sein. Die Gefahr ist zwar relativ gering, aber dennoch nicht auszuschließen. Daher sollten Sie Schweinefleisch immer erhitzen bzw. kochen, denn dadurch wird das Virus abgetötet und Sie sind auf der sicheren Seite.

Eine gute Alternative zu Fleisch ist **Fisch.** Fisch enthält Jod sowie wichtige Omega-3-Fettsäuren, die im Fleisch nicht vorhanden sind. Daher kann einmal wöchentlich auch ein Fischtag eingeführt werden, wenn der Hund Fisch frisst. Ob Sie den Fisch braten, kochen oder roh füttern, hängt davon ab, wie ihr Hund ihn am liebsten mag. Die Fettsäuren werden durch den Garprozess nicht verändert. Der höchste Anteil an Omega-3-Fettsäuren ist in fettreichen Fischsorten wie Lachs, Sardellen, Sardinen, Makrele, Hering und Forelle enthalten. Je weniger Fett der Fisch enthält, desto weniger enthält er Omega-3-Fettsäuren. Relativ fettarme Fischsorten sind hingegen Thunfisch, Kabeljau, Schellfisch und Heilbutt. Auch Schalentiere wie Muscheln, Shrimps und Austern enthalten nur eine geringe Menge an Omega-3-Fettsäuren. Die ungesättigten Omega-3-Fettsäuren haben einen positiven Einfluss auf das Herz-Kreislauf-System und die Arterien. Jod hingegen ist wichtig für die Schilddrüse, die wiederum der Hauptspeicher des Körpers für Jod ist. Sie benötigt dieses Spurenelement zur Bildung von Hormonen. Wenn zu wenig Jod vorhanden ist, kann sie auf längere Sicht nicht mehr genügend Trijodthyronin und Thyroxin bilden, was dann zu einer Schilddrüsenunterfunktion führt.

Knorpel

Knorpel habe ich ganz bewusst an die zweite Stelle gesetzt und Knochen erst an die vierte Stelle. Meiner Meinung nach ist der Knorpel für die Kalziumversorgung ausreichend. Nur wenn ausschließlich gekochtes Fleisch verfüttert wird, sollte man mindestens drei- bis viermal wöchentlich auch Knochenmehl oder Algenkalk zufüttern. Hunde, die im Wachstum sind, sollten täglich Knochenmehl oder Algenkalk bekommen, wenn sie mit selbst zubereitetem Frischfutter ernährt werden.

Gemüse und Obst

Gemüse und Obst sind Nahrungskomponenten, die dem Hund als Vitamin-, Mineralstoff- und Spurenelementlieferant dienen. Sie bieten dem Hund aber auch Ballaststoffe für eine gute Darmtätigkeit sowie Kohlenhydrate, die dem Organismus Energie zur Verfügung stellen.

Obst und Gemüse liefern wichtige Vitamine und Mineralstoffe und regen die Darmtätigkeit an.

Knochen

Knochen enthalten enorm viel Kalzium und sind die beste Zahnbürste für den Hund. Zudem fördern sie auch noch die Kaumuskulatur und sind eine wahre Freude für unsere Vierbeiner.

Allerdings können nicht alle Hunde Knochen gleich gut vertragen. Zum Einstieg in die Knochenfütterung eignen sich am besten Hühner- oder Putenhälse. Da an Hühner- sowie Putenhälsen relativ viel Fleisch ist, sollte dann an diesem Tag der Fleischanteil gegebenenfalls etwas reduziert werden.

Öle

Öle enthalten essenzielle Fettsäuren, die dem Körper über die Nahrung zugeführt werden müssen. Vergessen Sie allerdings nicht, dass auch im Fleisch Fette enthalten sind. Diese kann der

Knochen sind nicht nur gesund, sondern auch ein Vergnügen für jeden Hund.

21

Organismus nutzen, um fettlösliche Vitamine aufzuschließen. Aus diesem Grund müssen nicht zwangsläufig täglich pflanzliche Fette zugeführt werden. Allgemein dienen sie dem Aufbau von Zellmembranen und Hormonen und sind unter anderem Träger der fettlöslichen Vitamine A, D, E und K.

Tipp

Geben Sie in das gekochte Gemüse einen guten Schuss kalt gepresstes Öl wie Olivenöl, Hanföl, Reiskeimöl, Leinöl, Weizenkeimöl, Rapsöl oder Lachsöl. Folgende Öle sollten dagegen nicht unbedingt als Zusatz im Frischfutter landen: Sonnenblumenöl (es kann das Erbgut verändern) sowie Distel- und Maiskeimöl (sie können Krebs begünstigen).

Nahrungsergänzungsmittel

Nahrungsergänzungsmittel braucht der Hund, sofern er gesund ist, nicht. Wer möchte, kann aber mit natürlichen Produkten wie zum Beispiel Kräuterhefe, Hagebuttenpulver, Grünlippenmuschelextrakt, Kräutern, Algen und so weiter mehrmals jährlich Kuren von vier bis maximal acht Wochen durchführen.

Tipp

Gelegentlich eine Prise Meersalz ins Futter versorgt den Hund mit natürlichen Mineralstoffen sowie Spurenelementen und lockt auch mäkelige Fresser zum Frischfutter. Auch eine Kur mit Braunalgen (*Ascophyllum nodosa*) ist zu empfehlen, da diese den höchsten Jodanteil besitzen. Jod ist extrem wichtig für einen gut funktionierenden Stoffwechsel sowie für die Schilddrüse.

Bitte denken Sie aber immer daran: „Viel hilft nicht viel" und „Die Dosis macht das Gift". Daher gehen Sie bitte sparsam mit Ergänzungsmitteln um. Achten Sie darauf, dass diese natürlichen Ursprungs sind und nicht synthetisch. Des Weiteren sollte man mit diesen natürlichen Ergänzungsprodukten dem Körper nur einen Reiz bzw. eine Unterstützung für eine bestimmte Zeit (sechs bis acht Wochen) zur Verfügung stellen, damit er sich nicht an die Zufuhr gewöhnt. Eine ständige Zufütterung von Ergänzungsmitteln übersättigt den Organismus und er gewöhnt sich an die „ach so gut gemeinten" Mittelchen. Denken Sie bitte daran, dass der Körper, egal was ihm zur Verfügung gestellt wird, alles auch verarbeiten muss. Das heißt: Ein Zuviel kann auch schaden.

Wichtig für die Gelenke

Im Wachstum, gerade bei großwüchsigen Rassen oder bei rassebedingten Dispositionen wie ED (Ellenbogengelenkdysplasie) und HD (Hüftgelenkdysplasie), sollten bis zum Abschluss des Wachstums (also mindestens bis zur Vollendung des ersten Lebensjahres) und/oder bei Sporthunden sowie bei den Hunden, die bereits Verschleißerscheinungen zeigen, Chondroitin und Glukosamin zugefüttert werden, um Knorpel und Gelenke zusätzlich mit Nährstoffen zu versorgen.

Selbstverständlich ist zweimal jährlich eine Kur mit einem Präparat, welches die im Folgenden genannten Bestandteile enthält, für Hunde jeden Alters möglich und durchaus zu empfehlen.

Chondroitin hält die Struktur des Gelenkknorpels geschmeidig und macht ihn durchlässig für Nährstoffe. Bei einem Mangel an Chondroitin gelangen zu wenige Nährstoffe in den Knorpel und lassen die Zellen dort austrocknen. Dadurch schrumpfen diese und sterben in letzter Konsequenz ab. Der Knorpel degeneriert und kann seine Stoßdämpfer-Funktion nicht mehr erfüllen

Glukosamin ist der Grundbaustoff, aus dem Knorpel, Sehnen, Bänder und Knochenstrukturen bestehen. Es spielt eine zentrale Rolle be Reparaturprozessen und unterstützt den Wiederaufbau geschädigter Knorpel in Gelenken und Wirbeln.

Je mehr Glukosamin dem Körper zur Verfügung steht, desto mehr Knorpelmasse kann produziert werden. Im Alter nimmt die körpereigene Glukosamin-Produktion ab.

MSM ist die Abkürzung für **Methylsulfonylmethan.** Dies ist eine natürliche Schwefelverbindung, die von Medizinern auch als Dimethylsulfon bezeichnet wird. Diese Schwefelverbindung unterstützt den Körper bei der Herstellung wertvoller Substanzen. So sorgt sie für den Aufbau von lebenswichtigen Eiweißen wie Cystein und Glutathion. Diese beiden Aminosäuren sind in der Lage, körpereigene Eiweiße vor der Zerstörung durch freie Radikale zu schützen. Dadurch werden Entzündungen im Gewebe gehemmt.

Zudem macht MSM die Zellmembran durchlässiger für die Aufnahme von Nähr- und Vitalstoffen und sorgt für das Ausscheiden von schädlichen Abfallprodukten des Stoffwechsels aus den Zellen.

Blut

Blut ist ein wichtiger Lieferant von Mineralstoffen und Spurenelementen, Eiweißen und Enzymen. Durch den hohen Nährstoffanteil ist Blut eine sehr gute Energiequelle.

Es enthält einen besonders hohen Anteil an Eisen. Im Organismus finden wir Eisen vor allem im roten Blutfarbstoff, im Muskeleiweiß und in zahlreichen Enzymen. Es transportiert in den roten Blutkörperchen Sauerstoff durch den Körper in

Herz – hier Hühnerherzen – liefert viele wichtige Nährstoffe.

die Zellen, spielt eine wichtige Rolle im Energiegewinnungsprozess und hilft bei der Herstellung zahlreicher Stoffe. Eisen hat somit vor allem mit den Prozessen zu tun, bei denen Sauerstoff eine wichtige Rolle spielt wie zum Beispiel Energiegewinnung in der Zelle und Zellatmung.

Innereien

Innereien sind für mich vor allem Magen, Nieren, Leber und Lunge. Dies sind meiner Meinung nach alles Organe, die in der konventionellen Massentierhaltung sehr belastet sein können, sei es durch Medikamentengaben (Leber, Niere), psychischen, aber auch körperlichen Stress (Magen) oder durch das Einatmen extrem ammoniakhaltiger Luft im Stall (Lunge).

Allgemein wird der Begriff „Innereien" küchensprachlich aber für alle essbaren Organe des Schlachttieres verwendet.

Organe wie Pansen, Blättermagen oder Herz von Tieren aus konventioneller Haltung sind dagegen vermutlich weniger belastet, da sie nicht zu den Speicherorganen wie Leber und Nieren gehören, und können aus diesem Grund bedenkenlos gefüttert werden.

Vor allem **Herz** ist ein guter Lieferant wichtiger Aminosäuren wie zum Beispiel Taurin und der Eiweißverbindung L-Carnitin. L-Carnitin entsteht aus den Aminosäuren Lysin und Methionin. Der Begriff L-Carnitin, stammt aus dem Lateinischen und wird von dem Wort carnis (= lat. Fleisch) abgeleitet. Die Namensgebung basiert auf der Tatsache, dass Methionin und Lysin hauptsächlich aus fleischlicher Nahrung stammen. Dies entdeckten erstmals russische Forscher zu Beginn des 20. Jahrhunderts im Muskelfleisch von Säugetieren. L-Carnitin ist wichtig für die Muskelfunktion und spielt außerdem im Energie- und Fettstoffwechsel eine wichtige Rolle.

Taurin ist maßgeblich an der Entwicklung des zentralen Nervensystems beteiligt und stabilisiert die Nervenzelle. Es reguliert den Flüssigkeitshaushalt der Zellen und verfügt über zellmembranschützende und antioxidative Eigenschaften. Sie fördert die Bildung von Gallensaft. Außerdem besitzt sie eine entzündungshemmende und zellmembranschützende Eigenschaft vor allem für die Netzhaut und für das Nervensystem. Das Blut bleibt fließfähiger und die Herzleistung wird unterstützt.

Lunge ist ein Gewebe, welches kaum Nährstoffe enthält. Es ist besonders für übergewichtige Hunde ein guter Füllstoff. Das heißt, die Mahlzeit kann mit Lunge gut aufgefüllt werden, ohne dass man dem Hund zu viele Kalorien zuführt.

Leber enthält viele Vitamine und Mineralstoffe. Vor allem der Gehalt an fettlöslichen und B-Vitaminen ist in Leber sehr hoch. Außerdem hat sie den höchsten Gehalt an Vitamin A. Vitamin A ist für das Wachstum, das Immunsystem, den Sehvorgang und die Erneuerung von Haut- und Schleimhautzellen von großer Bedeutung. Zu viel Vitamin A ist allerdings nicht gesund, sondern eher problematisch für den Körper. Man sollte daher nicht öfter als einmal pro Woche Leber füttern.

Leber enthält viel Cholesterin. Hunde mit erhöhtem Leberwerten sollten besser keine Leber oder nur sehr geringe Mengen bekommen.

Tipp

Leber vor allem von älteren Tieren ist in der konventionellen Haltung vermehrt mit Schadstoffen belastet. Deshalb achten Sie beim Kauf darauf, dass die Leber von Jungtieren, am besten vom Kalb oder Lamm, stammt.

Alternativ zur Fütterung von Leber kann einmal wöchentlich Dorschlebertran – je nach Größe des Hundes 1/2 Teelöffel bis 1 Esslöffel – ins Futter gemischt werden. Lebertran sollte man aber nicht öfter als einmal wöchentlich geben, da dieser durch den hohen Anteil an Vitamin A die Leber belastet.

Mägen von Geflügel werden gern mal als Alternative zu Muskelfleisch gefüttert. Der Magen enthält allerdings ähnlich wie die Niere keine besonders wichtigen Nährstoffe.

Umstellung auf Frischfutter

Bei einigen Hunden sind durch jahrelange Industriefuttermittel die Verdauungs- und Stoffwechselorgane bereits so überlastet, dass es einige Tage nach der Futterumstellung zu breiigem Stuhlgang mit Schleimabsatz kommen kann. Dieser Prozess gehört in den meisten Fällen zu der natürlichen Reinigung des Organismus und ist nach spätestens sieben Tagen vorbei. Hält dieses Problem allerdings an, wenden Sie sich bitte an einen Tierheilpraktiker oder Tierarzt Ihres Vertrauens.

Sollte Ihr Hund aber eher einen empfindlichen Verdauungstrakt haben, würde ich Ihnen empfehlen, die ersten sechs Wochen das Fleisch zu kochen und gegebenenfalls darmunterstützende Präparate wie zum Beispiel Heilerde (fein), Präparate mit Darmbakterien oder eine Zeit lang Moorschlamm zu verabreichen.

Manche Hunde sollten erst langsam an rohes Fleisch gewöhnt werden.

Futtermenge und -zusammensetzung

Wie groß ist nun die Menge an frisch zubereitetem Futter, die ein Hund benötigt? Wie viel Prozent vom Körpergewicht soll gefüttert werden?

Der Wolf benötigt 12 bis 14 % seines Körpergewichts an Nahrung pro Tag. Da unsere Hunde aber nicht so viele Kilometer am Tag zurücklegen und auch nicht ihre Beute selbst jagen müssen, verbrauchen sie auch nicht so viel Energie, die als Nahrung zugeführt werden muss. Es ist aber auch klar, dass Hunde, die viel im Einsatz sind, wie zum Beispiel Diensthunde, Jagdhunde bei der Arbeit im Revier oder Hütehunde, die den ganzen Tag am Vieh arbeiten, mehr Energie benötigen als „Couch Potatoes". Auch Hunde, die viel und regelmäßig Sport betreiben, brauchen in der Regel mehr Futter als die eher ruhigen Vertreter, die gemächlich nur spazieren gehen.

Daher gilt es auch hier, die Menge individuell an die Bedürfnisse des Hundes anzupassen. Wenn Ihr Hund mehr braucht, dann soll er auch mehr bekommen. Sie können jederzeit die Menge oder einfach das Verhältnis der Bestandteile verändern.

Futtermenge in Bezug zum Körpergewicht

- 2 % des Körpergewichts beim erwachsener Hund mit normaler bis wenig Bewegung oder beim eher pummeligen Typ
- 3 % des Körpergewichts beim erwachsenen Hund, der aktiv und/oder schlank ist
- 4 % des Körpergewichts für Welpen und Junghunde (hier muss die Menge fast jede Woche angeglichen bzw. neu ausgerechnet werden, solange der Hund noch im Wachstum ist)

Natürlich gibt es auch hier keine feste Formel. Mein Jack Russel Terrier bekommt zum Beispiel fast 6 % seines Körpergewichts an Futtermenge, da er einen extrem schnellen Stoffwechselumsatz hat und eben ein sehr aktiver Hund ist. Also Sie sehen – immer individuell bleiben.

Futterzusammensetzung

- Junghund: 80 % Fleisch und 20 % Gemüse/Obst
- erwachsener, sehr aktiver Hund: 70 % Fleisch und 30 % Gemüse/Obst
- erwachsener Hund mit normaler Bewegung und normalem Gewicht: 60 % Fleisch und 40 % Gemüse/Obst
- erwachsener Hund mit eher weniger Bewegungsdrang, neigt zum Dickwerden oder ist bereits ziemlich pummelig: 50 % Fleisch und 50 % Gemüse. Obst eher selten wegen des Fruchtzuckers, der macht nämlich im Übermaß auch dick
- Senior, der noch gut im Futter ist: 50 % Fleisch und 50 % Gemüse/Obst
- Senior, der bereits an Muskelsubstanz abnimmt und eingefallen aussieht: 70 bis 80 % Fleisch (kurzfristig, bis er wieder fülliger geworden ist) und 20 bis 30 % Gemüse/Obst

27

Die oben genannten Auflistungen sind wirklich nur Anhaltspunkte, damit man als Anfänger eine ungefähre Vorstellung der Mengenverteilung hat. Bitte verlassen Sie sich nach einiger Zeit mehr auf Ihr Bauchgefühl als auf irgendwelche Zahlen und Formeln. Denken Sie immer daran, wir essen auch nicht täglich die gleiche Menge!

Wichtig!

Auf Dauer ist zu viel tierisches Eiweiß eher belastend für die Stoffwechsel-organe Leber und Nieren. Daher sollte man beim erwachsenen Hund mit der Fleischmenge immer mal wieder variieren oder einen oder mehrere Tage wenig oder auch mal kein tierisches Eiweiß füttern. Mehr Tipps dazu finden Sie unter dem Thema „Entschlackung-Kur für den Hund".

Bei jungen Hunden sollte der Fleisch-anteil relativ hoch sein.

Bedeutung des Futters bei der Entwicklung der Knochen

Bei dem Embryo im Mutterleib besteht das Skelett noch aus Knorpelgewebe. Erst später folgt dann eine Umwandlung in Knochen, das heißt, der Knorpel härtet sich. Einige Knorpel bleiben jedoch ein Leben lang erhalten wie zum Beispiel bei den Ohren.

Es kann aber auch eine Verknöcherung direkt aus dem Bindegewebe erfolgen (chondral = aus Knorpel). Bei der Geburt des Tieres ist die Verknöcherung noch nicht abgeschlossen, sondern erst im Alter von etwa drei bis vier Jahren.

Der Verknöcherungsprozess (die Verknöcherung erfolgt immer von außen nach innen) beginnt bei den Wirbeln, da diese verständlicherweise am meisten beansprucht werden. Bei Jungtieren ist die richtige Fütterung daher extrem wichtig. Das Futter sollte mineralstoffreich und dazu im ausgewogenen Verhältnis sein.

Skelett bedeutet griechisch ausgetrocknetes Gerippe. Knochen bestehen zum größten Teil aus verschiedenen Kalzium- und Phosphorverbindungen, wobei das Verhältnis dann etwa bei zwei Drittel Kalzium zu ein Drittel Phosphor besteht. Kalzium stabilisiert den Knochen und gibt ihm seine Festigkeit. Fasereiweißstoffe wie Ossein und Kollageneiweiß sind zuständig für die Dehnbarkeit, gleichzeitig haben sie eine Schutzfunktion.

Das genaue Verhältnis sieht wie folgt aus:
85 %   Kalziumphosphat
10 %   Kalziumkarbonat
3,3 %   Kalziumfluorid
1,5 %   Magnesiumphosphat
0,2 %   Kalziumchlorid

Im Alter nimmt die anorganische Substanz zu, das heißt, die Elastizität der Knochen nimmt ab und Steifheit der Gelenke tritt vermehrt auf.

Tipp

Um die Beweglichkeit auch im Alter zu erhalten, sollte der Hund schlank sein und es sollte eine entsprechende Bewegung beibehalten werden.
Regelmäßige Besuche beim Osteopathen oder Physiotherapeuten sind sehr zu empfehlen, um Muskelverspannungen oder gegebenenfalls Blockaden vorzubeugen.
Eine gleichmäßige gute Bemuskelung ist auch im Alter entscheidend für die Beweglichkeit des Hundes. Sprechen Sie dazu mit Ihrem Tierheilpraktiker, Osteopathen oder Physiotherapeuten.
Auch Nährstoffpräparate wie oben aufgelistet, die Chondroitin, Glukosamin und MSM enthalten, sollten immer als Kur gefüttert werden.

Das Kalzium-Phosphor-Verhältnis

Das Verhältnis von Kalzium zu Phosphor im Futter sollte 1,3 : 1 betragen. Bitte bekommen Sie jetzt keine Panik, wenn ihr Hund nicht ständig Knochen erhält. Auch in Gemüse ist Kalzium enthalten. Das heißt, Sie brauchen nicht täglich Knochen zu füttern, zwei- bis viermal in der Woche reichen völlig aus.
Natürlich ist das jedem selbst überlassen, wie oft er Knochen füttern möchte, ob täglich oder mehrmals in der Woche. Wenn Sie Muskelfleisch und Knorpel, also Mixfleisch füttern, dann brauchen Sie sich auch keine Sorgen zu machen, denn auch Knorpel enthält Kalzium. Wenn Sie ausschließlich Muskelfleisch füttern, können Sie einmal täglich Algenkalk oder Knochenmehl ins Futter geben. Mit folgender Formel ermitteln Sie den Bedarf des Hundes an einem Tag in Gramm.

0,05 x Körpergewicht in kg x 5 = Bedarfsmenge in g

Sollten Sie dennoch unsicher werden, ob das Ganze auch wirklich reicht, denken Sie kurz darüber nach, wie Hunde in Gegenden ernährt werden, wo sie noch natürlicher leben oder wie sie noch vor den Zeiten des Fertigfutters ernährt wurden.

Wie steht oder stand es mit dem Kalzium-Phosphor-Verhältnis zu diesem Zeitpunkt für Hunde? Glauben Sie, darüber wurde sich Gedanken gemacht? Wahrscheinlich eher nicht!

Wenn man mal ältere Menschen fragt, wie die Hunde früher ernährt wurden, bekommt man zu hören, dass sie das bekommen haben, was übrig blieb – und das war meistens sogar alles gekocht. Und das hat ihnen nicht geschadet.

Übrigens hat sich der Hund aus diesem Grund dem Menschen angeschlossen. Der Mensch hat etwas erbeutet und der Hund hat von den Resten profitiert.

Also, Sie sehen, es ist so leicht. Verlassen Sie sich einfach auf Ihr Bauchgefühl. Bei der Ernährung unserer Kinder sagt auch kein Kinderarzt, es wäre am besten wir würden unsere Kinder ausschließlich mit Fertignahrung aus Konserven oder aus dem Tiefkühlfach ernähren, oder?

Ungefähres Kalzium-Phosphor-Verhältnis in tierischem Eiweiß

Muskelfleisch
- Rind 0,03 : 1
- Huhn 0,07 : 1
- Schaf 0,09 : 1
- Reh 0,11 : 1

Knochen
- Hühnerhälse 1,76 : 1
- Hühnerflügel 1,62 : 1
- Hühnerrücken 1,67 : 1
- Kalbsknochen 2,23 : 1
- Rinderknochen 2,20 : 1

Auch beim Hundesenior sollte die Ernährung an die Bedürfnisse angepasst werden.

Knorpel
- Luftröhre 1 : 1,8 (Knorpelspangen sind voll verdaulich)
- Kehlkopf 1 : 1,8 (Knorpel sind voll verdaulich)

Milchprodukte
- Sauermilch   1,2 : 1
- Buttermilch   1,2 : 1
- Joghurt   1,4 : 1
- Quark   0,7 : 1
- Hüttenkäse   0,6 : 1

Obst als Kalziumlieferant
- Hagebutten
- Johannisbeeren
- Kirschen
- getrocknete Feigen und Datteln

Mischen Sie ab und zu mal ein bis zwei getrocknete Datteln oder Feigen püriert unter das Futter. Diese beiden exotischen Fruchtarten enthalten nämlich auch sehr viele Nährstoffe. In Trockenfrüchten liegen die Nährstoffe in hochkonzentrierter Form vor.

Getrocknete **Feigen** haben durch die Trocknung einen höheren Gehalt an Fruchtzucker als frische Feigen und sind daher sehr kalorienreich. Feigen sind eine äußerst gute Ballaststoffquelle, weswegen sie auch eine verdauungsfördernde Wirkung haben. An Mineralstoffen enthalten sie Kalium, Kalzium, Magnesium, Phosphor und Eisen. Feigen enthalten auch Vitamin A, C und B-Vitamine in nennenswerten Mengen.

Die **Dattel** als Frucht des Lebens gehört zu den energiereichsten Früchten und gilt als wertvolles, mineralreiches Nahrungsmittel. Sie soll bei bestimmten Krankheiten wie zum Beispiel Diabetes, Arterienverkalkung oder auch Krebs eine schützende oder teilweise heilende Wirkung haben. Außerdem hilft sie gegen chronische Müdigkeit und Anämie. Die in der Dattel enthaltenen chemischen Elemente wie zum Beispiel Eisen, Kalzium und Kalium sowie

Hagebutten gelten als Kalziumlieferant und haben einen hohen Anteil an Vitamin C.

die Vitamine B1, B2 und B3 sind für die Gesundheit des Nerven- und Verdauungssystems von großer Bedeutung. Zu guter Letzt regt die Dattel den Appetit an und reinigt Leber und Nieren.

31

Achtung!

Trockenfrüchte gelten als sehr haltbar, dennoch sind sie anfällig für Schädlings- und Pilzbefall. Feigen schimmeln meist von innen heraus, sodass die verdorbene Ware oft gar nicht von außen erkennbar ist.

Schneiden Sie getrocknete Früchte vor dem Verfüttern auf. Schwarze oder weiße Stellen im Fruchtfleisch deuten zumeist auf einen Befall mit Schimmel hin. Achten Sie auch darauf, dass die Früchte ungeschwefelt sind.

Am besten halten sich diese Früchte ein bis zwei Wochen im Kühlschrank.

Gemüse als Kalziumlieferant

- Bohnen
- Brokkoli
- Chinakohl
- Feldsalat
- Fenchel
- Grünkohl
- Kohlrabi
- Mangold
- Möhren
- Rotkohl
- Sauerkraut
- Sellerie
- Spinat
- Weißkohl
- Wirsing

Fleisch und Fisch – roh oder gekocht?

Da der Hund mit einem sehr kurzen Verdauungstrakt ausgerüstet ist, das heißt langer Dünndarm, kurzer Dickdarm, und seine Magensäure extrem aggressiv ist, also einen sehr niedrigen pH-Wert hat, ist der Verdauungstrakt sogar für das Fressen von Aas geeignet. Das bedeutet, alles was der Hund frisst, verweilt nicht lange im Verdauungstrakt. Das ist auch der Grund, warum ein Hund schnell erbricht oder Durchfall bekommt.

Dieser natürliche Reinigungsprozess wird genutzt, wenn der Hund etwas nicht verträgt. Das Unverträgliche wird auf dem schnellsten Weg nach draußen befördert. Dieser Prozess sollte allerdings innerhalb weniger Stunden abgeschlossen sein.

Falls nicht, suchen Sie bitte einen Tierheilpraktiker oder Tierarzt auf, da es sich auch um eine Infektion oder Vergiftung handeln könnte.

Verdauungsprozess

Im Allgemeinem kann man zu dem Verdauungsprozess des Hundes Folgendes sagen: Frischfutter, sei es nun roh, gekocht oder aus der Dose hat eine Verweildauer von ungefähr sechs bis maximal acht Stunden. Die Verdauungszeit von extrudiertem Trockenfutter dauert hingegeben etwa zwölf bis 14 Stunden und von kalt gepresstem Trockenfutter etwa neun Stunden.

So, nun zum eigentlichen Thema: Muss ich das Fleisch oder den Fisch kochen? Grundsätzlich nein, denn im frischen rohen Fleisch sind essenzielle Eiweiße, Enzyme, Mineralstoffe, Spurenelemente und Vitamine enthalten.
Allerdings gibt es Hunde, die rohes Fleisch oder rohen Fisch nicht vertragen oder nicht mögen. Das kann unterschiedliche Gründe haben:

- Es kann sein, dass die Darmflora eines Hundes so angegriffen ist, dass die natürlichen Erreger im Fleisch oder Fisch ihn zusätzlich belasten. Dann sollte man das Fleisch oder den Fisch in den nächsten vier bis sechs Wochen kochen und Darm aufbauende Präparate zufüttern. Besprechen Sie diese Problematik mit einem Tierheilpraktiker oder Tierarzt Ihres Vertrauens.
- Der Hund kennt kein rohes Fleisch oder rohen Fisch. Einige Hunde machen den Eindruck, als würde sie Rohes ekelig finden. Gewöhnen Sie ihn langsam daran. Kochen Sie das Fleisch oder den Fisch in den ersten Wochen kurz an, um Ihren Hund langsam daran zu gewöhnen.

Auch Fisch kann roh verfüttert werden, wenn es der Hund mag.

━━ Vielleicht finden Sie selbst rohes Fleisch ekelig und Ihr Hund auch. Auch kein Problem, dann kochen Sie eben weiterhin Fleisch und Fisch oder nehmen zur Abwechslung mal eine Reinfleischdose.

Wichtig!

In gekochtem Fleisch werden durch den Erhitzungsprozess zwar Enzyme und Vitamine abgebaut bzw. sind dann nicht mehr enthalten. Trotzdem werden Sie auf Dauer dadurch kein Problem durch eine Mangelversorgung bekommen. Würde der Hund ein Leben lang nur Trockenfutter erhalten, würde er weder in den Genuss von natürlichen Vitaminen noch Enzymen kommen.

Knochen sind die beste Zahnbürste und der Hund wird sie lieben.

Knochen – roh oder gekocht?

Rohe Knochen sind die beste Zahnbürste überhaupt. Sie reinigen die Zähne und fördern die Kaumuskulatur – Zahnstein ade. Und Ihr Hund wird Sie lieben.

Wichtig!

Sie müssen unbedingt darauf achten, dass die Knochen bei der Verfütterung roh sind. Gebratene oder gekochte Knochen haben ihre natürliche Flüssigkeit und damit ihre Elastizität verloren und sind dadurch extrem hart und spitz. Also Finger weg – denn es kann die übelsten Verletzungen geben und dann hat der Tierarzt einen Grund, die Ernährung infrage zu stellen.

Passen Sie den Knochen auf die Größe Ihres Hundes an, dann kann es auch nicht zur Kotanstauung durch zu viel Kalzium kommen.

Getrocknete Hühner- und Entenhälse sind ideal zum Kauen auch für Hunde geeignet, die mit harten und groben Knochen nicht zurechtkommen.

Allerdings vertragen einige Hunde harte Knochenstrukturen wie zum Beispiel Rinderbrustbein nicht so gut. Dies kann sich durch Unwohlsein oder gar Erbrechen von Knochenstücken bemerkbar machen, häufig erst 24 Stunden später.
Wenn Ihr Hund auf harte Knochen so reagiert, geben Sie ihm Knorpelstrukturen wie zum Beispiel rohe Strosse (Luftröhre) oder Hühner-, Enten- oder Putenhälse. Diese sind für viele Hunde leichter verdaulich.

Hinweis!

Ich habe festgestellt, dass alte Hunde nicht mehr so gut mit der Verdauung von groben Knochenstrukturen klarkommen. Aus diesem Grund bekommen meine Senioren nur noch Knorpel oder Hühnerhälse zum Kauen.

Gemüse und Obst – roh oder gekocht?

Im Prinzip können Sie fast alle Gemüsearten verfüttern, nur folgende sollten niemals roh gegeben werden:
Bohnen und andere Hülsenfrüchte sind roh sehr schwer verdaulich und können zu Blähungen und Krämpfen führen. Gekocht können sie in kleinen Mengen gegeben werden.

Tomaten, Auberginen und Paprika enthalten im unreifen Zustand das giftige Solanin ebenso wie Zwiebeln, Lauch und Porree. Daher sollten diese Gemüsearten höchstens im reifen Zustand in kleinen Mengen oder im gekochten Zustand verfüttert werden.

Allerdings wird das Solanin durch das Kochen nicht zersetzt, sondern es geht in das Kochwasser über. Darum sollte bei diesem Gemüse das Kochwasser nicht verwendet, sondern weggeschüttet werden.

Bei Kartoffeln befindet sich an den grünen Stellen noch Solanin. Somit sollte man auf alle Fälle die grünen Stellen entfernen, bevor man Kartoffeln verfüttert. Porree, Lauch, Zwiebeln und Auberginen sollen zwar gekocht nicht schädlich sein, aber ich verfüttere dieses Gemüsearten überhaupt nicht.

Wichtig!

Auch in der Schale von Grill- oder Pellkartoffeln ist der Solaninanteil noch sehr hoch. Kartoffeln sollten daher nur geschält verfüttert werden. Rohe Tomaten dürfen nur überreif an Hunde verfüttert werden, denn in den grünen Stellen der Tomate befindet sich noch das giftige Solanin.

Auch Avocados dürfen nicht an den Hund verfüttert werden. Sie enthalten das giftige Persin, dass sich irreparabel schädigend auf die Herzmuskulatur auswirkt.

Viele andere Gemüsearten enthalten allerdings auch einige giftige Substanzen wie Phasine, Oxalsäuren oder Blausäure. Diese werden jedoch durch Erhitzen unschädlich gemacht. Daher müssen auch diese Gemüsearten gekocht werden. Zudem habe ich persönlich festgestellt, dass die Hunde das gekochte Gemüse lieber fressen und besser verdauen.

Außerdem kommt das gekochte Gemüse in seiner Zusammensetzung dem vorverdauten Mageninhalt der Beutetiere, von denen sich die Vorfahren unserer Hunde ernähren, wesentlich näher als das rohe Gemüse. Es ist besser für den Körper aufzuschließen und leichter verdaulich. Aus diesem Grund erscheint es mir äußerst sinnvoll, Gemüse grundsätzlich gekocht zu verfüttern.

Tipp

Bevorzugen Sie beim Gemüse- und Obstkauf entweder tiefgefrorene oder saisonale Produkte, da sie weniger schadstoffbelastet sind. Idealerweise greift man hier auf Bio-Produkte zurück. Es ist aber kein Muss und natürlich auch immer eine Preisfrage.

Beim Kauf von Obst und Gemüse sollte man auf saisonale Produkte achten.

Saison für Gemüse und Obst

Im Folgenden finden Sie einen Überblick über das für den Speiseplan des Hundes geeignete Gemüse und Obst und Angaben dazu, wann sie saisonal erhältlich sind.

Einige Gemüse- und Obstsorten werden in der Regel eingekellert gelagert und sind daher fast das ganze Jahr über erhältlich. Hierzu gehören Kartoffeln, Äpfel und Möhren.

Gemüse

Für alle aufgeführten Gemüsearten empfehle ich, sie gekocht oder gedämpft zu verfüttern.

Gemüseart	Saison
Bleich-/Staudensellerie	Juli bis Oktober
Blumenkohl	Juni bis Oktober
Busch-, Stangenbohnen	Juni bis Oktober
Brokkoli	Juni bis Oktober
Chicorée	Januar bis März und Oktober bis Dezember
Chinakohl	August bis November
Erbsen	Juni bis August
Fenchel	September bis Oktober
Grünkohl	Januar bis Februar und November bis Dezember

Gemüseart	Saison
Kartoffeln	Juni bis Oktober
Kohlrabi	Mai bis Oktober
Kürbis	September bis November
Mangold	Juni bis September
Möhren	Juni bis Oktober
Pastinaken	August bis November
Rettich	Juli bis Oktober
Rosenkohl	Oktober bis Januar
Rote Bete, Rote Rüben	September bis November
Rotkohl	September bis November
Salatgurke (roh)	Juni bis September
Schwarzwurzel	Oktober bis Januar
Sellerieknollen	September bis November
Spargel	April bis Juni
Spinat	März bis Juni und September bis Oktober
Steckrüben	Oktober bis Januar
Topinambur	September bis November
Weißkohl, Spitzkohl	Mai bis Juni und September bis November
Wirsing	Mai bis Juni und September bis November
Zucchini	Juni bis Oktober

Salate

Blattsalate und Gurken können roh gefüttert werden, müssen aber gut püriert sein, da der Hund sie ansonsten nicht aufschließen kann und wahrscheinlich auch nicht fressen würde. Salate sollten immer gut gewaschen werden, um die Belastung durch Pestizide (Spritzmittel) zu verringern.

Salat	Saison
Bataviasalat	Mai bis September
Eichblattsalat	Mai bis September
Eisbergsalat	Mai bis Oktober
Endiviensalat	Juni bis Oktober
Feldsalat	Oktober bis Februar
Kopfsalat	Mai bis Oktober
Lollo rosso	Mai bis Oktober
Löwenzahn	Mai bis September
Radicchio	Juli bis Oktober

Tipp

Salate können vorab mit Zitronensaft besprüht werden, dadurch sollen die Schadstoffe stark reduziert werden.

Obst

Obst sollte immer püriert und gegebenenfalls entkernt bzw. entsteint verfüttert werden, da gerade in den Samen Giftstoffe enthalten sein können.

Ich persönlich füttere allerdings sehr wenig Obst, da meine Hunde dies nicht gern fressen. Einige Hunde kommen auch mit der Fruchtsäure nicht so gut zurecht und neigen zu Sodbrennen. Dies äußert sich mit wiederkehrendem Schmatzen oder viel Grasfressen. Als Kompott wird Obst dagegen häufig viel besser vertragen.

Obst oder Gemüse kann auch zusammen mit Fleisch püriert dem Hund angeboten werden.

Ich gebe gelegentlich ins Kochwasser oder in den Dampfgarer einen Apfel mit hinein.

Hunde wissen oft selbst, was ihnen schmeckt und für sie gesund ist.

39

Obstart	**Saison**
Äpfel	August bis November
Aprikosen	Juli bis August
Birnen	August bis November
Brombeeren	Juli bis September
Erdbeeren	Mai bis Juli
Heidelbeeren	Juli bis August
Himbeeren	Juni bis September
Holunderbeeren	September bis Oktober
Johannisbeeren	Juni bis August
Kirschen, süß	Juni bis August
Kirschen, sauer	Juli bis September
Mirabellen	Juli bis August
Pfirsiche/Nektarinen	August bis Oktober
Pflaumen/Zwetschgen	Juli bis Oktober
Stachelbeeren	Juni bis August
Wasser-/Zuckermelone	August bis September
Weintrauben (kernlos)	September bis Oktober

Folgende Obstsorten wachsen leider nicht bei uns und werden deshalb immer importiert. Bei solchen Exoten achte ich darauf, dass sie ausschließlich aus biologischem Anbau sind.

Obstart	**Saison**
Ananas	August bis April
Apfelsinen	Oktober bis April
Bananen	ganzjährig
Clementinen/Satsumas	November bis Februar

Wissenswertes über Gemüse

Erst in jüngster Zeit kam man zu einem überraschenden Ergebnis aufgrund einer Untersuchung an der italienischen Universität Parma: Gekochtes Gemüse, vor allem durch Dampfgaren und Kochen zubereitet, weist mehr Vitamin-C-Gehalt und sekundäre Pflanzenstoffe auf als frisches Gemüse. Sowohl Vitamin C als sekundäre Pflanzenstoffe fangen aggressive Moleküle, die sogenannten freien Radikale, ab und schützen so vor Zellschäden.

Untersucht hatten die Forscher Zucchini, Möhren und Brokkoli, indem sie das Gemüse jeweils in Wasser gekocht, mit Dampf gegart oder frittiert hatten. Die Menge der gesunden Inhaltsstoffe lag bei allen drei Zubereitungsarten sehr hoch – zum Teil höher als im Rohzustand. Es wird vermutet, dass die robusten Pflanzenzellen erst durch die Hitze endgültig aufgeschlossen und die Substanzen freigesetzt werden.

Und hier noch ein Argument dafür, dass wir die Gesundheit unserer Hunde durch Gemüse und Obst unterstützen können. Denn Gemüse und Obst enthalten bioaktive Substanzen, die wie folgt wirken:

- verdauungsfördernd
- antimikrobiell
- entzündungshemmend
- antioxidativ
- krebshemmend
- antithrombotisch (hemmt die Blutgerinnung)
- entgiftend für den Körper
- immunmodulierend (beeinflusst das Immunsystem)
- beeinflusst positiv den Blutdruck
- senkt den Cholesterinspiegel
- beeinflusst positiv den Blutzuckerspiegel

Sollte Ihr Hund allerdings Probleme mit Verstopfung, sehr hartem Kot oder mit den Analdrüsen (siehe weiter unten) haben, können Sie zweimal wöchentlich eine gekochte Gemüsemahlzeit durch eine Rohkostmahlzeit ersetzen. Denn rohes Gemüse enthält viele Ballaststoffe, welche die Darmbewegung anregen.
Bitte erschrecken Sie nicht, wenn ihr Hund an dem Tag vermehrt oder größere Kotmengen absetzt. Durch den hohen Ballaststoffanteil ist dies ganz natürlich. Sollte Ihr Hund den Rohkosttag nicht akzeptieren oder gar Blähungen bekommen, dann bleiben Sie beim gekochten Gemüse.

Sie können dem Gemüse auch mehrmals wöchentlich einen Spritzer **Apfelessig** hinzufügen. Apfelessig enthält viele wichtige Nährstoffe. Unter anderem enthält er sehr viel Kalium. Kalium ist für den Wasserhaushalt, das Gewebe und die Muskulatur unentbehrlich. Vitamine und Pektine schützen die Zellen und die Gefäße. Enzyme unterstützen die Verdauung und verhindern eine übermäßige Fettspeicherung. Apfelessig enthält im Allgemeinen einen hohen Anteil an Mineralstoffen, Vitaminen, Aminosäuren und Enzymen. Und die Säure verringert das Wachstum von Hefepilzen im Darm.

Allgemein unterstützt und fördert Apfelessig:

- die Nierenfunktion und den Fettabbau
- eine gesunde Darmflora
- die Bildung von Verdauungsenzymen
- das Immunsystem
- die Fließfähigkeit des Blutes

Wildgemüse – Vitalstoffe aus dem Garten

Das im Folgenden aufgeführte Wildgemüse sollte auf dem Speiseplan Ihres Hundes nicht fehlen.
Sie können gern auch täglich 1 Teelöffel bis 1 Esslöffel, frisch oder getrocknet, unter das Futter Ihres Hundes mischen.

Löwenzahn

Verwendet wird beim Löwenzahn alles: die Blätter, die allerdings vor der Blüte zarter sind als danach, die Wurzeln und auch die Blüten. Sie sind reich an Bitterstoffen, Vitaminen und Mineralstoffen. Vor allem hat Löwenzahn einen sehr hohen Anteil an Kalium.

Löwenzahn ist zur Saison überall leicht zu finden und gilt sogar als Heilkraut.

Als Heilpflanze wirkt der Löwenzahn gegen viele Beschwerden. Er stimuliert den gesamten Zellstoffwechsel, regt die Leberfunktion an, aktiviert die Hormonproduktion und wird generell zur Vorbeugung von Leber- und Gallenblasenproblemen empfohlen. Durch die Bitterstoffe wird die gesamte Verdauung, vor allem die Produktion des Gallensaftes und damit die Fettverdauung, erleichtert.

Brennnesselsamen und -blätter

Die Brennnessel ist ein sehr gesundheitsförderliches Wildgemüse. Neben zahlreichen Vitaminen und Mineralstoffen enthält sie vor allem viel Eisen und Kalzium. Zudem wirkt die Brennnessel blutbildend und gleichzeitig auch blutreinigend.
Die Samen der Brennnessel haben eine positive Wirkung besonders für alte Tiere, da man ihnen eine allgemein vitalisierende Eigenschaft nachsagt. Mischen Sie mehrmals wöchentlich oder als Kur über mehrere Wochen 1 g bis 1 Teelöffel täglich unter das Futter.

Giersch

Das kräftige Unkraut enthält Mineralstoffe wie Eisen, Kupfer und Mangan und ist ein guter Vitamin-C-Lieferant; zudem liefert es Provitamin A und ätherische Öle.

Kräuter

Gartenkräuter wie zum Beispiel Petersilie, Ysop, Zitronenmelisse, Borretsch, Beinwell, Bärlauch, Gundermann oder Dill sind gesundheitsfördernd, sollten aber nur als Zutat gelegentlich unter das Futter gemischt und auf keinen Fall in großen Mengen gegeben werden.

Eier

Sehr umstritten ist, ob das ganze Ei gefüttert werden darf oder nur das Eigelb. Bitte nennen Sie mir ein in freier Wildbahn lebendes Tier, welches nur das Eigelb frisst!
Ich persönlich füttere sehr selten Eier, aber wenn, dann auch mit Eiweiß.
Der Grund, warum kein Eiweiß gefüttert werden sollte, ist folgender: Rohes Eiklar bindet das Vitamin H (Biotin) im Darm und kann dadurch zu Biotin-Mangelerscheinungen mit stumpfem Fell und infektionsanfälliger Haut führen.
Meiner Meinung nach muss man dann allerdings mehrmals wöchentlich rohe Eier verfüttern, was ich nicht empfehlen würde. Auch die Gefahr einer Salmonelleninfektion wird von Medizinern immer wieder angesprochen. Angeblich belegen Studien, dass jedes dritte Ei mit Salmonellen infiziert sei. Keine Probleme wiederum sollen hart gekochte Eier, Rühr- oder Spiegeleier für den Hund darstellen. Also, hier entscheiden Sie!
Übrigens ist die Eierschale auch eine weitere Kalziumquelle. Daher gelegentlich ein ganzes Ei – roh oder gekocht – schadet in der Regel dem Hund nicht.

Sprossen

Sprossen enthalten bioverfügbare Vitamine, Mineralien, Aminosäuren, Antioxidantien und eine reiche Vielfalt an sekundären Pflanzenstoffen. In nur wenigen Tagen Keimzeit vervielfältigen die Sprossen ihren Gehalt an den Vitaminen A, E und C sowie dem Vitamin-B-Komplex.

Lebendige Enzyme unterstützen die Verdauung, den Stoffwechsel und aktivieren sowohl die Energieproduktion des Organismus als auch Reparaturmaßnahmen auf zellulärer Ebene. Auch Sprossen können einmal wöchentlich (1/2 Teelöffel bis 1 TL) ins Futter gemischt werden.

Folgende Sprossen-Samen sind besonders zu empfehlen, da sie gut lagerfähig und kinderleicht zu ziehen sind:

Alfalfa, Amaranth, Bockshornkleesamen, Brokkolisamen, Dinkel, Gartenkresse, Kürbissamen, Quinoa, Rucola, Sesam, Sonnenblumenkerne und Weizen.

Viele Sprossen können bereits nach 24 Stunden Keimzeit verfüttert werden wie zum Beispiel Sonnenblumensprossen oder Getreidekeimlinge. Die meisten Sprossen erntet man jedoch nach drei bis sieben Tagen, manche auch erst nach zwölf Tagen. Letzteres ist dann der Fall, wenn ein besonders hoher Grün-, also Blattanteil gewünscht ist.

Kresse wird von Hunden gern genommen.

Samen und Nüsse

In Samen und Nüssen ist der Enzymhemmer Inhibin enthalten, der die mitgelieferten Enzyme so lange unwirksam hält, bis alle Voraussetzungen für die Keimung gegeben sind. Der Enzymhemmer überfordert den Körper und kann zu gesundheitlichen Problemen wie Verdauungsbeschwerden oder Magenschmerzen führen. Mit der Keimung wird der Enzymhemmer abgebaut.

Nüsse und Samen können dem Hund einmal wöchentlich – je nach Größe eine gehäufte Messerspitze bis ein Teelöffel – ins Futter gemischt werden. Damit Nüsse und Samen gut und gesund verdaut werden können, sollten sie nur im gekeimten Zustand verzehrt werden. Entscheidend ist nicht, dass ein Keim sichtbar ist, sondern dass der Enzymhemmer abgebaut wurde. Dazu legt man die Nüsse und Samen etwa 15 Stunden über Nacht in Wasser ein. Danach wäscht man alles in einem Sieb gründlich mit Wasser ab. Bitte nicht erschrecken, denn das, was die Nüsse und Samen im Wasser hinterlassen, sieht weder schön aus noch riecht es gut!

So vorbereitete Nüsse und Samen schmecken hervorragend und werden von dem Magen problemlos vertragen.

Die kleinen Samen brauchen weniger Zeit zum Keimen, doch auch sie dürfen wie die Nüsse über Nacht im Wasser verbringen. Hauptsächlich werden Walnüsse, Mandeln und gelegentlich Macadamia verwendet. Weiche Nüsse sind verdorben und sollen nicht verfüttert werden.

Folgende Samen eignen sich besonders gut: Sonnenblumenkerne, Kümmel, Koriander, Schwarzkümmel, Kreuzkümmel, Kardamom, Fenchel und Kürbiskerne.

Auch Kürbiskerne können ab und zu ins Futter gegeben werden.

45

Tierische Fette

Lachsöl

Lachsöl hat einen hohen Anteil an Omega-3-Fettsäuren (um 35 %). Omega-3 ist eine mehrfach ungesättigte Fettsäure, die vermehrt eingesetzt wird, um den Cholesterinspiegel zu senken. Außerdem beugt sie Arterienverkalkung vor, da sie die Fließfähigkeit des Blutes erhöht.

Omega-3-Fettsäuren sind auch wichtig für den Aufbau und die Funktion der Zellmembran. Gleichzeitig wirken sie unterstützend bei Allergien, Rheuma und anderen Gelenkentzündungen und Krebs. Man hat außerdem beobachtet, dass sie die Lern- und Leistungsfähigkeit steigern.

Rinder-, Lamm- oder Entenfett

Tierisches Fett ist für unsere Hunde sehr gut verdaulich. Die natürliche Energiequelle für den Wolf war immer das Fett der Beutetiere. Heute werden oft schwer verdauliche Kohlenhydrate gefüttert, damit der Hund zunimmt.

Tierische Fette liefern dagegen nicht nur Energie, sondern bieten auch Unterstützung bei trockener, schuppiger Haut und brüchigem Fell sowie bei Hunden, die kaum oder keine Unterwolle haben und dadurch sehr kälteempfindlich sind.

Wichtig!

Bei Problemen mit der Leber oder Bauchspeicheldrüse sollte generell nicht zu viel Fett gefüttert werden. Bitte sprechen Sie mit Ihrem Tierheilpraktiker oder Tierarzt darüber.

Pflanzliche Öle

Bei pflanzlichen Ölen sollte man nur auf hochwertige kalt gepresste Produkte zurückgreifen.

Nachtkerzenöl

Kalt gepresstes Nachtkerzenöl ist reich an Linolensäure, Gamma-Linolensäure und Dihomo-Gamma-Linolensäure, die auf das Hormonsystem ausgleichend wirken.

Sie regen die Funktion der Haut- und Talgdrüsen an, sodass das Wasserbindevermögen gesteigert wird und die Haut besser rückfettet. Dadurch wird die Hautelastizität gefördert. Nachtkerzenöl enthält 6 bis 9 % dieser lebenswichtigen hochungesättigten Fettsäuren.

Sowohl tierische als auch pflanzliche Fette und Öle gehören zu einer ausgewogenen Ernährung.

Ägyptisches Schwarzkümmelöl
Dieses Öl stärkt alle Schleimhäute des Körpers. Es ist bestens geeignet für Allergiker. Auch Tiere mit Zwingerhusten sowie alle anderen Atemwegserkrankungen können durch kalt gepresstes ägyptisches Schwarzkümmelöl positiv unterstützt werden.

Leinöl
Leinöl enthält genau wie Lachsöl einen hohen Anteil an Omega-3-Fettsäuren. Somit hilft es bei gleichen Indikationen wie Lachsöl und Hanföl.
Bitte beachten Sie, dass Leinöl innerhalb von acht bis höchstens zehn Tagen nach Anbruch oxidiert und dadurch auf die Leber toxisch wirkt!

Hanföl
Hanföl enthält einen hohen Anteil an Linolsäuren und Chlorophyll. Durch seine ideale Zusammensetzung und Haltbarkeit ist es dem Leinöl überlegen.
Es unterstützt in allen Lebensphasen, vor allem aber im Fellwechsel oder bei Haut- und Fellproblemen.

Olivenöl
Olivenöl hat einen hohen Anteil an Omega-3- und Omega-6-Fettsäuren und enthält zudem noch viel natürliches Vitamin E. Mediziner haben festgestellt, dass

das Olivenöl eine Substanz enthält, welche eine entzündungshemmende und schmerzstillende Eigenschaft hat. Sie trägt den Namen Oleocanthal.

Gleichzeitig wurde nachgewiesen, dass Olivenöl Gelenke vor Verschleißerscheinung schützt und der Verdauung hilft, aus Obst und Gemüse Pflanzenstoffe effektiver herauszulösen.

Reiskeimöl

Dieses Öl fördert die Bildung von Sexualhormonen und verbessert dadurch die Fruchtbarkeit. Außerdem wird dadurch das Muskelwachstum angeregt.

Hagebuttenkernöl

Hagebuttenkernöl ist noch wenig bekannt und wird selten genutzt, aber die Wirkung ist hervorragend.

Es hat einen hohen Anteil an Vitamin C und E. Zudem enthält es bis zu 80 % mehrfach ungesättigte Fettsäuren, 42 % Omega-6-Fettsäuren und 13 % Omega-3-Fettsäuren.

Durch diese wertvollen Substanzen ist es ein starker Helfer zur Unterstützung des Immunsystems.

Arganöl

Dieses Öl wird auch das marokkanische Gold genannt. Durch den hohen Anteil an Linol- und Oleinsäuren unterstützt es aktiv den Stoffwechsel. Bei Allergien im Bereich der Haut kann es gute Dienste leisten.

Borretschöl

Es enthält einen sehr hohen Anteil Gamma-Linolensäure und Dihomo-Gamma-Linolensäure. Diese kommen in der Natur äußerst selten vor. Die Fettsäuren sind für einen aktiven Stoffwechsel unentbehrlich.

Weizenkeimöl

Weizenkeimöl ist das Öl mit dem höchsten Vitamin-E-Anteil.

Vitamin E schützt als natürliches Antioxidans empfindliche Substanzen wie Vitamin A oder Fettsäuren vor den Attacken freier Radikale, es fördert die Bildung von Antikörpern im Blut und schützt den Körper vor Zellentartung.

Kokosöl

Kokosöl enthält einen hohen Anteil Laurinsäure. Diese Säure wirkt gegen Protozoen (Einzeller), Viren und Bakterien. Auch die enthaltene Caprylsäure wirkt antimikrobiell.

Die neuesten Forschungsergebnisse lassen erkennen, dass natürliches Kokosfett zu einer Normalisierung der Körperfettwerte führt, die Leber schützt und die Reaktion des Immunsystems verbessert.

Getreide

Zunächst stellt sich die Frage: Braucht ein Hund überhaupt Getreide? Nicht unbedingt.

Getreide enthält viel Stärke und Phosphor. Minderwertiges Getreide, wie es zum Beispiel häufig in Trockenfutter zu finden ist, enthält oft nur noch Füllstoffe (unlösliche Ballaststoffe), die im Darm gären und Blähungen und Magendrehungen begünstigen können. Außerdem ist es schwer verdaulich und daher eher belastend für die Stoffwechselorgane des Hundes. Des Weiteren kann es ein Auslöser für Allergien sein.

Der insgesamt zu hohe Phosphor-Gehalt von Getreide und tierischem Eiweiß übersäuert das Gewebe und wirkt sich negativ auf den gesamten Stoffwechsel aus. Vor allem der Gelenkstoffwechsel kann primär unter der Ablagerung von zu vielen Schlacken leiden. Dadurch können degenerative Erkrankungen wie zum Beispiel Arthritis, Rheuma oder rezidivierende Gelenkentzündungen begünstigt werden.

Es gibt jedoch Hunde, die nur mit tierischem Eiweiß und Gemüse und/oder Obst nicht zurechtkommen. Sie brauchen einfach Kohlenhydrate, um ihr Energielevel halten zu können.

Amaranth wird auch als Inka Korn bezeichnet. Die kleinen Samen enthalten keine Glutene

Wenn Ihr Hund eher der Typ ist, der mit Fleisch/Fisch und Gemüse/Obst abnimmt oder gar nicht zunimmt, braucht er einfach Kohlenhydrate. Diese können Sie in Form von Hirse, Amaranth oder Quinoaflocken zufüttern.

Die Kartoffel ist auch ein guter Sattmacher, ohne den Organismus zu übersäuern. Sie gehört eigentlich zu den Gemüsen, da sie aber so einen hohen Stärkeanteil hat, findet sie an dieser Stelle auch noch mal Erwähnung.

Um den Organismus nicht mit zu viel Phosphor von Getreide und tierischem Eiweiß zu übersäuern, empfehle ich den Anteil von Fleisch und Getreide zu splitten zum Beispiel in ein Drittel Fleisch, ein Drittel Hirse, Amaranth oder Quinoaflocken (ich empfehle die Flocken, da sie durch das Aufquellen mit Wasser vom Hund sehr gut verdaut werden können) und ein Drittel Gemüse.

Inhaltsstoffe von Getreide

Man unterscheidet zwei Arten von Getreide. Zum einen ist es Urgetreide, welches keine **Glutene,** also Klebereiweiße enthält. Hierzu zählen Hafer, Amaranth, Quinoa und Hirse.

Glutenhaltige Getreide haben den Nachteil, dass sie Allergien auslösen können. Zu den glutenhaltigen Getreidesorten gehören Reis, Dinkel, Gerste, Weizen und Mais.

Getreide enthält einen hohen Anteil an Phosphor sowie Phytinsäure. Auch Fleisch enthält Phosphor, sodass bei übermäßiger Zufuhr dieses Mineralstoffs der Stoffwechsel zu stark belastet wird.

Phosphor ist ein wichtiges Element für den Organismus, er ist am Stoffwechsel der Zellen beteiligt, ist wichtig für die Gewinnung und Speicherung von Energie, außerdem reguliert er die Nierenfunktion, das Herz und den Säure-Base-Haushalt. Im Blut dient Phosphor als Puffer zur Aufrechterhaltung des pH-Wertes. Weiterhin benötigt der Körper diesen Stoff für die Nährstoffverwertung und er ist an dem Aufbau von Knochen und Zähnen beteiligt.

Bei einem Phosphorüberschuss kann es zu Durchfall kommen, da er zu Störungen im Kalziumhaushalt führt. Durch eine zu hohe Phosphoraufnahme wird nämlich die Kalziumverwertung behindert. Darüber hinaus wird die Nebenschilddrüse angeregt, mehr Hormone zu produzieren. Diese Hormone bewirken, dass Kalzium aus den Knochen gelöst wird, um den Kalziumspiegel im Blut konstant zu halten. Es kommt zu einem verstärkten Abbau der Knochensubstanz.

Im Getreide ist zusätzlich noch **Phytinsäure** zu finden. Diese Säure kann im Körper nur durch Basenpuffer abgebaut vermehrt. Das bedeutet, der Organismus hat einen erhöhten Bedarf an Mineralstoffen wie Kalzium, Magnesium, Kalium und Natrium. Ein weiterer Nachteil der Phytinsäure ist, dass es die Aufnahme von Mineralstoffen verschlechtert.

Alternativ kann man auch dreimal in der Woche eine Mahlzeit oder einen ganzen Tag nur mit Getreide und Gemüse füttern. Die Menge des Getreides sollte dann, je nachdem, ob es sich um einen sehr aktiven oder eher älteren, ruhigen Hund handelt, zwischen 60 und 40 % liegen. Bei Hunden, die gut im Futter sind, würde ich überhaupt kein Getreide als Kohlenhydratquelle füttern.

Kalzium-Phosphor-Verhältnis
Getreide
- Weizen   0,11 : 1
- Haferflocken   0,13 : 1
- Reis   0,07 : 1

- Kartoffeln   0,15 : 1

Ein möglicher Wochenplan

So wie im Folgenden aufgeführt könnte ein Wochenplan für Ihren Hund ausse-hen. Eigene Kreativität ist dabei unbedingt erwünscht.
Der auf der nächsten Seite aufgeführte Plan ist bereits sehr ausgewogen, das heißt, auch wenn man keine Milchprodukte oder Fisch füttert oder auch mal weniger Gemüse oder mal mehr Fleisch, ist das keinesfalls einseitig. Hören Sie auf Ihr Bauchgefühl und denken Sie vor allem immer an Ihre eigene Ernährungs-weise!
Denn wenn auch Sie so einen Ernährungsplan haben, dann kann ja nichts schief-gehen.
Zu der im Speiseplan aufgeführten Guddi-Wurst erfahren Sie mehr auf S. 56 f.

Wer mehr Tipps und Anregungen zur Gestaltung der Futterzusammenstellung haben möchte, dem möchte ich das Buch „BARF-Rezepte" von Raphaela Koller ans Herz legen.

Ein Beispiel für die Zutaten einer Mahlzeit.

Montag:
Morgens: Quark mit Obst und etwas Öl
Abends: Fleisch mit Gemüse

Dienstag:
Morgens: Guddi-Wurst mit Gemüse
Abends: Blättermagen (alternativ, wer mag, auch Innereien)

Mittwoch:
Morgens: Pansen
Abends: Pansen und ein fleischiger Knochen

Donnerstag:
Morgens: Fleisch/Fisch und Gemüse
Abends: aufgequollene Hirse, Amaranth oder Qunioaflocken
           mit Gemüse

Freitag:
Morgens: Fleisch mit Gemüse und ein fleischiger Knochen
Abends: Blättermagen

Samstag:
Morgens: Joghurt, Quark oder Hüttenkäse mit Gemüse/Obst
Abends: Pansen und ein fleischiger Knochen

Sonntag:
Morgens: Guddi-Wurst
Abends: Fleisch mit Gemüse

Zum Thema Pansen und Blättermagen

Auch in diesem Bereich geht die Massentierhaltung nicht an uns vorbei. Heutzutage steht kaum noch ein Schlachtrind auf einer Weide, die mit unterschiedlichen Kräutern und Blumen bewachsen ist. Die Rinder stehen meist ganzjährig in Ställen und fressen Silage und/oder Mastfutter, welches Genmais oder Soja beinhaltet.

Silage ist oft durch Giftstoffe – sogenannte Aflatoxine, die von bestimmten Schimmelpilzen *(Aspergillus)* gebildet werden – belastet. Das kann beim Rind zu Schädigungen vor allem der Leber oder zu Vergiftungen führen. Diese Belastungen werden zwangsläufig auch an unsere Hunde verfüttert, die den Pansen oder den Blättermagen fressen. Das ist dann der Preis der Massentierhaltung. Sollte Ihr Hund krank oder anfällig sein, verwenden Sie alternativ Schafspansen. Schafe werden in der Regel noch von Weide zu Weide geführt.

Wirkung auf das Immunsystem

Der Zusammenhang zwischen der richtigen Ernährung und deren Wirkung auf das Immunsystem ist ein Thema, das enorm wichtig ist und auf keinen Fall außer Acht gelassen werden darf.

Ohne das vielseitige Immunsystem kann ein Lebewesen nicht überleben. Man könnte auch sagen, dass wir und auch unsere Tiere täglich von 4 Milliarden Bodyguards bewacht werden – also jeder kann sich wie ein Star fühlen, bei der Überwachung.

Damit diese Bodyguards, auch Mikroorganismen genannt, bestmöglich funktionieren können, brauchen sie eine gesunde Darmschleimhaut. Die Darmschleimhaut bildet, ähnlich wie die äußere Haut, einen Schutz für die Darmflora, sodass fremde Erreger nicht in den Organismus eindringen können. Der Darm liefert den Mikroorganismen, bestehend aus Pilzen, Bakterien und Einzellern, den benötigten Lebensraum. Sie erleichtern dem Hund den Verdauungsprozess, bilden Vitamine und unterstützen die Immunabwehr. Diese Lebensgemeinschaft nennt man Symbiose.

Die Darmschleimhaut wird vor allem durch synthetische Vitamine angegriffen, aber auch pflanzliche Nebenerzeugnisse enthalten häufig Klebereiweiß, welches die Darmzotten im wahrsten Sinne des Wortes verklebt. Wenn die Zotten verklebt sind, kann der Darm Nährstoffe nur noch schwer aufnehmen.

Regelmäßige Medikamenteneingabe, Wurmkuren, minderwertige Eiweiße und pflanzliche Nebenerzeugnisse schädigen auf Dauer nicht nur die Darmschleimhaut, sondern auch die Darmflora.

Die Ernährung hat eine enorme Wirkung auf das Immunsystem.

53

Vitamine – wann sie schaden und wann sie nützen

Sofern Vitamine in ihrer eingebetteten Struktur, das heißt in Form von Gemüse oder Obst, in unserem Fall püriert, in den Organismus gelangen, hat der Körper die Möglichkeit, diese eingebettete Struktur aufzuspalten und in die Form umzuwandeln, die er im Moment benötigt. Braucht er die über die Nahrung aufgenommenen Substanzen nicht, werden sie entweder in der Leber zwischengelagert oder mit dem Kot ausgeschieden.

Anders ist es bei den synthetischen (künstlich hergestellten) Vitaminen. Sie gelangen in einer bereits aufgespalteten Struktur in den Organismus und müssen im Darm zwangsresorbiert, also aufgenommen werden. Hier hat der Körper nicht die Möglichkeit sich zu entscheiden zwischen „brauch ich oder brauch ich nicht". Er wird gezwungen, die Substanzen zu verwerten. Die Folge ist: Bei Nicht-Gebrauch lagert er sie in der Peripherie des Organismus, das heißt Sehnen, Bänder und Gelenke, ab. Der erste Stein der Verschlackung wird damit gesetzt. So ist es übrigens mit allen synthetisch hergestellten Substanzen!

Die fettlöslichen Vitamine

Bei Vitaminen unterscheidet man zwischen fettlöslichen und wasserlöslichen Vitaminen. Die fettlöslichen Vitamine können vom Körper nur richtig aufgeschlossen

Fettlösliche Vitamine, wie sie in Möhren oder Grünkohl enthalten sind, werden nur in Verbindung mit Fetten oder Ölen richtig aufgeschlossen.

werden, wenn sie in Verbindung mit Fetten oder Ölen verfüttert werden. Manche der fettlöslichen Vitamine werden auch vom Körper selbst hergestellt.

Vitamin A ist wichtig für ein gut funktionierendes Immunsystem. Es fördert die Regeneration von Körperzellen und ist ein wirksamer Radikalfänger, der den Körper vor aggressiven Sauerstoffverbindungen schützt.
Synthetisches Vitamin A kann dagegen Appetitverlust, Austrocknung der Haut, Haarausfall und Osteoporose verursachen.
Natürliches Vitamin A finden wir zum Beispiel in Möhren, Grünkohl, Spinat oder Feldsalat.

Vitamin D wird vom Körper selbst hergestellt, sofern sich der Mensch oder das Tier täglich an der frischen Luft aufhält. Vitamin D sorgt dafür, dass der Knochenbaustein Kalzium aufgenommen und im Skelett und den Zähnen eingelagert wird.
Bei einer synthetischen Zufuhr von Vitamin D3 kommt es im Blut zu einer übermäßigen Resorption von Kalzium. Bei einer dauerhaften Überversorgung kann es zu Problemen beim Knochenstoffwechsel sowie Allergien kommen. Fehlt zudem eine vernünftige Versorgung mit Kalzium, wird den Knochen wiederum Kalzium entzogen.
Natürliches Vitamin D finden wir außerdem in Quark, Kefir und Fisch.

Vitamin E schützt als natürliches Antioxidans empfindliche Substanzen wie Vitamin A oder Fettsäuren vor den Attacken freier Radikale. Es fördert die Bildung von Antikörpern im Blut und schützt den Körper vor Zellentartung. Synthetisches Vitamin E kann zu Muskelschwäche, Bluthochdruck sowie einer verzögerten Wundheilung und eingeschränkter Schilddrüsentätigkeit führen.
Natürliches Vitamin E finden wir zum Beispiel in Weizenkeimöl, Olivenöl und Grünkohl.

Vitamin K ist hauptsächlich an der Produktion von Prothrombin und anderen Blutgerinnungsfaktoren beteiligt, weshalb ihm eine entscheidende Rolle in der Wundheilung zukommt. Zudem unterstützt es die Bildung des Knochenproteins Oestocalcin. Ein Defizit kann normalerweise nicht entstehen, da das Vitamin K vom Körper selbst gebildet wird. Synthetisches Vitamin K erhöht das Risiko von Malignomen (Tumore).
Natürliches Vitamin K finden wir in Blumenkohl, Spinat und Hühnerfleisch.

Die wasserlöslichen Vitamine
Die wasserlöslichen Vitamine der B-Gruppe, sowie das Vitamin C können vom Hund selbst gebildet werden. Daher ist hier keine zusätzliche Versorgung nötig. Wasserlösliche Vitamine, die vom Organismus nicht benötigt werden, können über den Urin ausgeschieden werden.

Vitamin C schützt den Organismus vor freien Radikalen. Es stärkt das Immunsystem und ist an der Bildung von Binde- und Stützgewebe beteiligt. Eine dauerhafte zusätzliche Gabe von synthetischem Vitamin C kann zu Nieren- sowie Blasensteinen führen.
Natürliches Vitamin C finden wir zum Beispiel in Giersch, Hagebutten, Sanddornbeeren und Petersilie.

Keine Unterversorgung

Also auch bei dem Thema Vitamine brauchen Sie sich keine Sorgen über eine Unterversorgung zu machen. Eine Vitaminüberdosierung kann es bei einer natürlichen Ernährung nicht geben, da der Körper die überflüssigen Nährstoffe ausscheiden kann.

Guddi-Wurst

Auch wenn immer geglaubt wird, dass im rohen Fleisch noch Blut zu finden ist, muss ich Sie leider enttäuschen. Die rote Flüssigkeit, die man oft für Blut hält, ist meistens durch den Auftauprozess entstandenes rot gefärbtes Wasser.
Blut ist für den Hund aber ein wichtiger Bestandteil der Nahrung. Alle Schlachttiere müssen jedoch ausbluten, ansonsten würde das Blut gerinnen.
Blut enthält allerdings alle wichtigen Nährstoffe, die der Organismus zur Erhaltung seiner Funktionen braucht. Vor allem enthält Blut sehr viel natürliches Eisen, welches wichtig für den Sauerstofftransport sowie für das Immunsystem ist. Vor allem nach der Läufigkeit, im Leistungssport, in Krankheitsphasen oder nach der Geburt ist Blut ein wertvolles Lebenselixier.

Um den Hund mit dem wertvollen Blut versorgen zu können, wurde die sogenannte Guddi-Wurst entwickelt. Sie besteht aus Rinderblut, Schweineschwarte und einer Gewürzmischung aus Ingwer, Kurkuma und Kümmel.

Außer dem Blut haben die anderen Inhaltsstoffe auch noch gesundheitsfördernde Wirkung und wurden deshalb ausgewählt.

Guddi-Wurst versorgt den Hund mit Blut und wichtigen Gewürzen.

- Der **Ingwer** durchwärmt und kräftigt den Organismus. Er hat eine stoffwech-selanregende Funktion.
- **Kurkuma** wirkt verdauungsfördernd und wird in der Ayurvedamedizin als natürliches Antibiotikum eingesetzt.
- **Kümmel** ist verdauungsfördernd, vor allem aber wirkt er entblähend.
- Die **Schweineschwarte** ist die Haut vom Schwein und enthält einen sehr hohen Anteil an kollagenen Fasern, die wiederum an dem Aufbau von Knor-pelsubstanzen beteiligt sind. Die Schwarten sind zudem völlig unbedenk-lich in der Fütterung, denn hier besteht nicht die Gefahr, dass sie mit dem Aujeszky'schen Virus infiziert sind.

Die Guddi-Wurst sollte ein- bis zweimal wöchentlich entweder als eine Mahlzeit oder in ein bis zwei Mahlzeiten ver-mischt mit anderem Futter gegeben wer-den. Selbstverständlich kann sie auch täglich als Leckerchen gefüttert werden. Manche Hunde bekommen durch zu viel Blut etwas breiigen Stuhlgang oder Durchfall. Das ist keineswegs be-denklich. Bleiben Sie auch hier wieder individuell und schauen Sie, wie viel Blut Ihr Hund verträgt. Manche Hun-de müssen sich erst langsam an Blut gewöhnen.

Ingwer regt den Stoffwechsel an.

Fütterung im Urlaub

Wenn man mit dem Hund in den Urlaub fährt, sollte dies wegen der Fütterung nicht in Stress ausarten. Selbstverständlich stellt sich erst einmal die Frage, was für einen Urlaub mache ich mit meinem Hund – Camping, Hotel oder Ferienwoh-nung? Denn auch das hat wiederum Einfluss darauf, welche Art von Fütterung seines Hundes man bevorzugt.
Wenn wir mit unseren Hunden wegfahren, handhabe ich das in der Regel so, dass ich Reinfleischdosen sowie Trockengemüse oder Babygläschen und Hirse-flocken mitnehme.
Das Trockengemüse und ab und zu mal etwas Hirseflocken sind mit heißem Was-ser sehr schnell zubereitet. Ab und an koche ich auch Gemüse, welches ich vor Ort kaufe. Praktisch je nach Größe des Hundes bzw. der Hunde sind auch schnell mal Babygläschen untergemischt.
Eine andere Möglichkeit ist das Mitnehmen der Guddi-Wurst, sofern vor Ort ein Kühlschrank vorhanden ist. Für alternative Mahlzeiten eignen sich auch Makrele,

Zwischendurch – ob im Urlaub oder zu Hause – darf es auch mal eine fleischlose Mahlzeit mit Joghurt oder Quark geben.

Sardine oder Thunfisch aus der Dose oder einfach mal Naturjoghurt oder Quark. Weitere Zusätze nehme ich nicht mit in den Urlaub.
Eine andere Möglichkeit ist zum Beispiel auch das Fertig-BARF. Bezugsquellen finden Sie im Internet. Allerdings ist hierfür auch ein Tiefkühlfach nötig.

Bitte seien Sie ganz beruhigt: Egal wofür Sie sich entscheiden, in den wenigen Wochen Urlaub erleidet ihr Hund keine Mangelerscheinungen. Da spielt es keine Rolle, welche Art der Ernährung sie wählen.
Also, machen Sie sich bitte keinen Stress, sondern genießen Sie Ihren Urlaub mit Ihrem Vierbeiner und entspannen Sie sich.

Der Gesundheitsaspekt

Nachdem Sie nun erfahren haben, was der Hund alles benötigt und wie man ihn mit einer Frischfütterung abwechslungsreich ernähren kann, möchte ich in diesem Kapitel noch auf die speziellen gesundheitlichen Aspekte der richtigen Ernährung eingehen. Denn nicht nur vorbeugend kann man mit dem richtigen Futter viel erreichen, sondern auch verschiedene Krankheitsbilder kann man mit der passenden Ernährung lindern oder heilen.

Entschlackungs-Kur für den Hund

Im Frühjahr sowie im Herbst empfehle ich gern eine Entschlackungskur bei den Hunden. Gerade diese Jahreszeiten unterstützen den natürlichen Entschlackungsprozess des Organismus. In dieser Zeit bietet sich auch der Schutz vor Wurmbefall (siehe weiter unten) sehr gut an.

Eine Entschlackungskur bedeutet, den Organismus von Stoffen wie zum Beispiel Medikamentenrückständen, Wurmkuren, Konservierungsmitteln, Farbstoffen, Umweltgiften wie Pestizide, Fungizide, Düngemittel, Herbizide, Schwermetallen, Chemikalien aus Teppichen und/oder Möbeln oder aus dem Trinkwasser und vieles mehr zu befreien.
Schlackenstoffe lagern sich an den unterschiedlichsten Stellen im Organismus wie den Gelenken, dem Gewebe, der Darmschleimhaut, den Gefäßen und den Organen ab. Eine Entschlackung kann dabei helfen, die Leber zu entgiften. Das Entschlacken gehört zu den klassischen Naturheilverfahren.

Im Frühjahr bietet sich eine Entschlackungskur für den Hund an.

Die Schulmedizin lehnt zwar das Entschlacken als unwissenschaftlich und als nicht nachweisbares Verfahren ab, obwohl bereits erwiesen ist, dass Ansammlungen von Cholesterin, Kalk, Kristallen und anderen Stoffen zu Erkrankungen führen können. Unbehandelt können sich daraus zum Beispiel Allergien, chronische Infekte oder rheumatische Erkrankungen entwickeln.

Die **Nieren** sind eines der wichtigsten Ausscheidungsorgane und werden bei der Entschlackungskur mit einbezogen, weshalb der Hund zu der Zeit auch viel Flüssigkeit zu sich nehmen sollte. Je nach Größe des Hundes sollte eine Viertel Kaffeetasse bis zu einer Kaffeetasse Wasser unter das Futter gemischt werden. Denn wenn Schlacken gelöst werden, müsse diese durch genügend Wasser ausgeschwemmt werden, da sie sich ansonsten gegebenenfalls an anderen Körperstellen wieder ablagern.

Die **Leber** ist das größte und wichtigste Entgiftungsorgan im Organismus. Sie bereitet das vor, was anschließend über die Niere ausgeschieden wird. Ist der Körper unseres Hundes zu sehr verschlackt, wird die Leber in ihrer Arbeit überfordert. Symptome einer überforderten Leber können zum Beispiel sein Hautausschläge, Leistungsschwäche oder viel Hecheln (der Grund dafür ist, dass die Leber genauso viel Sauerstoff benötigt wie das Gehirn).

Der **Darm** spielt bei der Immunabwehr eine entscheidende Rolle. 70 % der Abwehrzellen befinden sich im Darm. Schlacken im Darm behindern die Abwehr, daraus entwickeln sich vor allem Infektanfälligkeiten und Allergien. Bedauerlicherweise wird dem Darm viel zu wenig Aufmerksamkeit geschenkt. Mehr zu dem Thema finden Sie weiter unten.

Vorschlag für eine Kur

Geben Sie Ihrem Hund drei Tage lang kein tierisches Eiweiß (also weder Fleisch, Fisch noch Milchprodukte), sondern nur gekochtes Gemüse, Obst und Kohlenhydrate wie Kartoffeln. Des Weiteren empfiehlt es sich, eine Mischung aus verschiedenen Pflanzen (immer in einem Mischungsverhältnis aus gleichen Teilen) unter das Futter zu geben. Die Pflanzenmischung sollte aus getrockneten Brennnesselblättern, gern auch Samen, Schafgarbe, Löwenzahn, Birke und Ringelblume bestehen. Je nach Größe des Hundes geben Sie 1 Teelöffel bis maximal 2 Esslöffel unter das Futter. Die Pflanzenmischung geben Sie auch nach den drei eiweißfreien Tagen noch 14 Tage lang täglich weiter.
Brennnessel unterstützt die Stoffwechselfunktion, vor allem regt es die Nierenfunktion an.
Schafgarbe reinigt das Blut.
Löwenzahn unterstützt vor allem die Leber-Galle-Funktion.
Ringelblume unterstützt das Lymphsystem.

Um Gifte aus dem Darm zu leiten, kann man sehr gut Heilerde anwenden. Diese hat die Fähigkeit, Gifte zu binden und sie anschließend auf dem natürlichen Wege auszuschwemmen. Auch Präparate aus Vulkangestein sind in der Lage, Schadstoffe an sich zu binden und auszuleiten.

Die **Lymphe** ist ein sogenanntes Drainagesystem, das vor allem großmolekulare Stoffe aufnimmt. Die von den Lymphgefäßen aufgenommene Zwischenzellflüssigkeit wird größtenteils in den Lymphknoten gereinigt. So stellt die Lymphe ein wichtiges Ausleitungssystem des Körpers dar. Pflanzen, wie zum Beispiel der Löwenzahn, kommen bei der Entlastung der Lymphe zum Einsatz.

Bitte machen Sie sich keine Gedanken darüber, ob Ihr Hund in den drei Tagen ohne tierisches Eiweiß Mangelerscheinungen oder sonst etwas bekommt. Nein, bekommt er natürlich nicht!

Der übergewichtige Hund

Mittlerweile schätzt man, dass bei uns jeder dritte Hund an Übergewicht leidet. Mehrere tierärztliche Studien belegen dies. Jedoch wird von den meisten Tierbesitzern das nicht erkannt. Obwohl sie alles und nur das Beste für Ihren Hund wollen, verstehen viele Menschen die Liebe zu Ihrem Hund falsch. Der Hund bekommt hier einen Snack, da eine Belohnung. Und dies weil er oder sie so süß guckt oder weil das eben Ritual ist. Trotzdem soll er lange gesund und munter sein. Leider ist diese Tierliebe keine Liebe, sondern auf längere Sicht eine Qual für den Hund. Denn stetiges Übergewicht ist gefährlich für unsere vierbeinigen Freunde.

Übergewichtige Hunde haben im Allgemeinen mehr körperliche Beschwerden und eine kürzere Lebenserwartung als solche mit durchschnittlichem Gewicht. Fettleibigkeit verringert oft die Lebensfreude und kann Folgendes verursachen oder verschlechtern:

Wenn der Hund zwischendurch Leckerchen erhält, sollte das bei der täglichen Futterration berücksichtigt werden.

- Bewegungsprobleme einschließlich Gelenkentzündung, Missbildungen der Hüftgelenke, Bandscheibenprobleme und Bänderrisse
- Atembeschwerden
- Herzerkrankungen
- Lebererkrankungen
- Diabetes
- Magen-Darm-Probleme einschließlich Verstopfung, Blähungen und Entzündung der Bauchspeicheldrüse
- erhöhtes Operations- und Narkoserisiko
- Wärmeempfindlichkeit
- Hauterkrankungen
- Reizbarkeit (im Zusammenhang mit Unbehagen)
- verringerte Widerstandskraft gegenüber Infektionskrankheiten (insbesondere Viruserkrankungen)
- verminderte Bewegungsfreude (Teil eines Teufelskreises, der die Fettleibigkeit noch verschlimmert)

Um die Folgeschäden zu vermeiden, achten Sie auf das Gewicht Ihres Hundes. Wenn Ihr Hund eine Neigung zum Dickwerden hat, reduzieren Sie das Futter und lassen sich von Ihrem Tierheilpraktiker oder einem kompetenten Ernährungsberater helfen. Sie essen ja auch nicht jeden Tag die gleiche Menge, oder? Und meiden Sie jede Art von Leckerchen, auch wenn er/sie noch so süß guckt.
Passen Sie die Futterration der Bewegung an. Gehen Sie ausgiebig spazieren, lassen Sie Ihren Hund am Fahrrad laufen oder gehen mit ihm schwimmen.

Wann ist mein Tier zu dick?
Der praktischste Weg zur Beantwortung dieser Frage ist die Einschätzung der Menge von Gewebe, das sich auf dem Brustkorb befindet.

- Ihr Hund ist normalgewichtig, wenn die Rippen leicht ertastet werden können.
- Er ist übergewichtig, wenn die Rippen schwer zu fühlen sind.
- Und er ist fettleibig, wenn Sie die Rippen überhaupt nicht mehr fühlen können.

Probleme mit den Analdrüsen

Über das Analdrüsensekret definiert sich der Hund. Er drückt mit diesem Sekret, welches über den Kot mit abgesondert wird, seinen Status und auch seine Bedürfnisse aus.
Bei jeder unbekannten Hundebegegnung geht es erst einmal darum, von dem anderen das Hinterteil intensiv beschnuppern zu können, damit Hund weiß, wer der andere ist. Die Großhirnrinde speichert diese Botschaften in bestimmten

Erinnerungsarealen ab, das heißt, es findet ein konkreter Austausch an Informationen statt, wenn dies vom Hund zugelassen wird.

Viele unsichere Hunde lassen es nicht zu, dass ein anderer Hund an ihrem Hinterteil riecht. Sie ziehen den Schwanz ein und winden sich aus der Situation, indem sie sich sogar auf den Rücken legen. Dies ist ein Verhalten eines unsicheren Hundes. In meiner Praxis habe ich beobachtet, dass diese Hunde häufig unter Problemen mit den Analdrüsen leiden.

Die Zirkumanaldrüsen sind für die Befeuchtung der Schleimhäute vor und im After zuständig, damit diese nicht austrocknen.

Beide Drüseneinrichtungen können durch verschiedene Ursachen zu Stauungen und Entzündungen neigen wie zum Beispiel durch:

- ständig weichen und ungeformten Kot
- Bewegungsmangel
- Reizstoffe im Futter wie Gewürze oder Medikamente
- zu wenig Sekretproduktion durch mangelnden Kontakt mit Artgenossen
- erblich bedingte Entzündungsbereitschaft

Die Symptome können wie folgt aussehen:

- häufiges Belecken oder Beißen im Bereich des Afters, am Schwanz, aber auch am hinteren Rücken
- „Schlittenfahren"
- Unruhe – der Hund setzt sich sehr häufig ohne Grund hin
- Beschwerden beim Kotabsatz

Sollte ihr Hund immer wiederkehrend Probleme mit den Analdrüsen haben, mischen Sie ihm mehr Ballaststoffe wie zum Beispiel rohes Gemüse, ganze Leinsamen oder Indische Flohsamen unter das Futter.

Je nach Größe des Hundes geben Sie täglich 1/2 Teelöffel bis 1 Esslöffel Leinsamen oder indische Flohsamen und/oder ergänzend zwei- bis dreimal wöchentlich eine Gemüseportion aus rohem Gemüse. Auch getrocknete oder frische Fellstreifen zweimal wöchentlich bewirken wahre Wunder.

Bitte achten Sie aber auch auf alle anderen oben genannten Ursachen. Lassen Sie sich gegebenenfalls von einem Fachmann wie einem Hundetrainer, Tierpsychologen, Tierarzt oder Tierheilpraktiker Ihres Vertrauens beraten.

Ein glänzendes Fell ist der Spiegel der Gesundheit.

Haut und Fell

Ein Hund, der gesund ist und sich wohl in seiner Haut fühlt, zeigt dies auch an seinem äußeren Zustand. Er hat ein glänzendes und gepflegtes Fell und wenig bis keinen Körpergeruch.

Hunde hingegen, die sich unwohl fühlen und schwach oder krank sind, zeigen sehr häufig struppiges, glanzloses, stumpfes Fell mit sehr viel Haarausfall und intensivem Körpergeruch. Dieser Geruch erinnert an den Geruch eines vollen Staubsaugerbeutels oder eines nassen Hundes. Vielleicht kommen sogar noch Schuppen und sogar eine Überfettung der Haut dazu.

Fellwechsel

Der Hund wechselt in der Regel sein Fell zweimal im Jahr, und zwar im Frühjahr und im Herbst. Der Fellwechsel hängt von der Dauer des Tageslichts und der Temperatur ab. Manche Hunde fangen schon im Dezember an ihre Haare abzuwerfen.

Das verfrühte Haaren hat meistens damit zu tun, dass der betroffene Hund in der Wohnung lebt und die Temperatur und trockene Luft das Abhaaren auslösen. Der ganze Fellwechsel beim Hund, das heißt der Vorgang vom Ablegen des alten Fells und das Nachkommen des neuen, dauert etwa sechs bis sieben Wochen.

Bei jungen Hunden kann dieser Vorgang entsprechend schneller gehen. Die Abhaarung im Frühjahr ist dabei meist intensiver als im Herbst, wenn das Winterfell kommt. Manchmal hat man den Eindruck, der Hund würde so viele Haare abwerfen, dass er eigentlich kahl sein müsste.

Wichtig sind dann tägliches Bürsten und Kämmen, damit die Haut von dem toten Haar befreit wird und besser atmen kann. Außerdem wird die Haut dadurch besser durchblutet, was dabei unterstützt, Schlacken aus der Haut abzutransportieren. Nutzen Sie diese Zeit, um den Kontakt zu Ihrem Hund zu pflegen und Ihre Bindung zu intensivieren. Denn Fellpflege ist nur Freunden vorbehalten.

Weitere Möglichkeiten, um den Stoffwechsel der Haut in dieser Zeit zu unterstützen sind, ist der Zusatz zum Futter von:

- natürlichen Mineralstoffen und Spurenelementen zum Beispiel aus Vulkangestein
- Kieselerde (Silicea)
- reine Bierhefe oder Kräuterhefe
- eine Mischung aus gleichen Teilen von Löwenzahn, Brennnessel, Stiefmütterchenkraut, Mariendistel, Birke. Von dieser gibt man ein- bis zweimal täglich 1 Teelöffel bis 1 Esslöffel – je nach Größe des Hundes – ins Futter.

Durchfall

Durchfall ist ein natürlicher Reinigungsprozess vom Organismus, da er versucht sich von Schadstoffen – egal welcher Art – zu befreien. Selbstverständlich sollte der Durchfall nicht länger als drei Tage anhalten und der Hund sollte trotzdem fit sein. Wichtig ist, dass der Hund dann trinkt, da er vermehrt Flüssigkeit ausscheidet. Eine zusätzliche Zufuhr an Mineralstoffen und Spurenelemente wie zum Beispiel durch Heilerde sind in diesem Fall angebracht. Sie bindet überschüssige Toxine im Darm und beruhigt die Schleimhäute.

Weiterhin hilfreich bei Durchfall oder breiigem Stuhl sind getrocknete Heidelbeeren. Sie enthalten organische Säuren, pflanzliche Gerbstoffe, die Vitamine B1, C und D sowie Anthozyane, Spurenelemente, Eisen und Kalium; außerdem binden sie Schwermetalle.

Entweder kochen Sie die getrockneten Heidelbeeren kurz auf und geben Ihrem Hund je nach Größe 2 bis 10 ml mehrmals täglich oral mit einer Einwegspritze ins Maul oder Sie mischen 1 Teelöffel bis 1 Esslöffel täglich über höchstens 14 Tage unter das Futter.

Bitte überprüfen Sie bei Durchfall die Körpertemperatur und wägen Sie entsprechend ab. Ein Hund, der Blut mit absetzt und Durchfall wie Wasser hat, sollte schnellstmöglich dem Tierheilpraktiker oder Tierarzt Ihres Vertrauens vorgestellt werden.

Erbrechen

Wenn ein Hund plötzlich und einmalig erbricht, hat dies oft harmlose Gründe und muss nicht weiter abgeklärt werden. Erbrechen beim Hund ist durch das Auswürgen von halbverdautem Futter und durch die Gallenflüssigkeit verfärbter Flüssigkeit gekennzeichnet. Hunden, die erbrechen, ist vorher oft übel, was sich durch Symptome wie Schmatzen, Gähnen, Unruhe und erhöhten Speichelfluss äußert. Bei häufigem oder anhaltendem Erbrechen ist ein Besuch beim Tierheilpraktiker oder Tierarzt notwendig.

Man unterscheidet akutes von chronischem Erbrechen. Von akutem Erbrechen spricht man, wenn der Hund spontan erbricht, auch schon mal mehrere Tage hintereinander am Morgen. Chronisches Erbrechen äußert sich durch regelmäßiges Erbrechen, möglicherweise auch mit Futter. In beiden Fällen ist eine Untersuchung durch den Tierheilpraktiker oder Tierarzt zu empfehlen.

Die Ursache von chronischem Erbrechen sollte seitens des Tierarztes zum Beispiel mittels Blutuntersuchung, Röntgen, Ultraschall oder gegebenenfalls durch eine Magenspiegelung abgeklärt werden.

Die Ursachen von Erbrechen beim Hund können von harmlos bis schwerwiegend sein. Hierzu zählen unter anderem:

- Futterunverträglichkeit
- Aufnahme von verdorbenem Futter
- zu hastiges Herunterschlingen von Futter
- zu kaltes Futter oder Wasser
- Futterumstellung
- Verschlucken eines Fremdkörpers
- Vergiftungen zum Beispiel durch Giftpflanzen
- Infektionen mit Bakterien, Viren oder Parasiten
- Magen-Darm-Entzündung
- Magenschleimhaut-Entzündung (Gastritis)
- Magengeschwür (Ulkus)
- Magendrehung
- Lebererkrankungen
- Pankreatitis (Bauchspeicheldrüsenentzündung)
- Diabetes mellitus (Zuckerkrankheit)
- Nierenerkrankungen
- Addison-Krankheit (Nebennieren-Unterfunktion)
- Krebserkrankungen (zum Beispiel Magenkrebs, Darmkrebs)
- psychische Faktoren

Bei akutem Erbrechen sollte der Hund erst einmal fasten – also kein Futter und keine Leckerchen anbieten. Auch in diesem Fall kann Heilerde wieder gute Dienste leisten, da sie überschüssige Magensäure bindet und allgemein die Schleimhäute beruhigt. Lösen Sie einen gehäuften Teelöffel in warmem Wasser auf und geben Sie über den Tag verteilt Ihrem Hund, je nach Größe, 1 bis 5 ml mit einer Einwegspritze direkt ins Maul.

Sie können auch zusätzlich mehrmals täglich lauwarmen Tee verabreichen. Hierzu bieten sich folgende Pflanzen an: Kamille (beruhigt, krampflösend, antiseptisch), Pfefferminze (antibakteriell, appetitfördernd, beruhigt), Fenchel (krampflösend, entbläht), Tausendgüldenkraut (reguliert die Tätigkeit der Magendrüsen) oder Queckenwurzel (reizlindernd, beruhigt die Schleimhäute).

Auch das pflanzliche Magenmittel aus dem Humanbereich (in der Apotheke erhältlich) wirkt sehr gut bei Magenverstimmungen.

Blähungen

Viele Hunde leiden unter Blähungen, sodass die Besitzer aufgrund der Geruchsentwicklung am liebsten den Raum verlassen würden. Grund für die Blähungen sind häufig zu lange gärende und faulende Nahrungsmittel. Vor allem beim Trockenfutter wird zu den meist minderwertigen Bestandteilen noch sehr viel Luft mit runtergeschlungen. Getreide fängt an zu gären (Pupse riechen säuerlich) und Eiweiße, egal ob tierisch oder pflanzlich, fangen an zu faulen (Pupse riechen nach faulen Eiern).

Möglicherweise haben Sie Ihren Hund gerade auf Frischkost umgestellt und dann bekommt er Blähungen. Bitte nicht verzweifeln, denn Ihr Hund hat durch seine bisherige Fütterung eine sehr einseitige Darmflora, sodass diese mit unterschiedlichen Nahrungsbestandteilen nicht zurechtkommt. Das geht aber vorüber, bei dem einen eher, bei dem anderen dauert es etwas länger.

Manche Hunde haben allerdings eine sehr schlechte Darmflora, möglicherweise verursacht durch zu viele Medikamentengaben, Wurmkuren, psychischen und/oder körperlichen Stress, durch eine einseitige oder minderwertige Fütterung,

Tipp

Füttern Sie zunächst keinen Kohl und fangen Sie langsam mit zwei Gemüsesorten an. Die Gemüsesorten können selbstverständlich wechseln. Unterstützen und regulieren Sie die Darmflora mit Aufbaupräparaten wie Kräutern oder einer Mischung aus Anis, Fenchel und Kümmel. Auch spezielle Darmbakterien wie *Enterococcus faecium* unterstützen eine gesunde Darmflora.

Sie können auch ein- bis zweimal wöchentlich einen Spritzer Apfelessig unter das Futter mischen. Nach und nach werden sich die Blähungen reduzieren. Wenn Sie anfangen Kohlsorten zu füttern, empfehle ich eine Messerspitze Kümmel unterzumischen, dieser wirkt verdauungsfördernd und entblähend.

sodass sie eine individuelle Unterstützung zur Regeneration der Darmflora brauchen. Bitte sprechen Sie in diesem Fall mit dem Tierheilpraktiker Ihres Vertrauens.

Zahnstein und Maulgeruch

Die Futtermittelfirmen propagieren damit, dass Hunden deshalb Trockenfutter gefüttert werden sollte, weil es gut für die Zähne ist und gegen Zahnstein vorbeugt. Allerdings wissen die wenigsten Tierbesitzer, wie Zahnstein entsteht.
Zahnstein (lateinisch Calculus dentalis) ist eine Ablagerung von Kalium- und Natriumsalzen der Speichelflüssigkeit, die hauptsächlich durch Ammoniak aus dem Stoffwechsel der Mundbakterien entsteht. (Endprodukt des Eiweißstoffwechsels ist Harnstoff. Harnstoff wird von der Leber gebildet und muss über die Nieren ausgeschieden werden. Harnstoff besteht aus Kohlendioxid und Ammoniak.) Durch Zahnstein können Erkrankungen wie Zahnfleischentzündungen oder Parodontose entstehen.

Ob für große oder kleine Hunde – das beste Mittel, um Zahnstein vorzubeugen, ist ein frischer Knochen.

Gerade ältere Tiere neigen durch einen langsameren Stoffwechsel eher zu Zahnstein als Jüngere, deshalb sollte auf eine ausgewogene, gesunde, stoffwechselentlastende Fütterung geachtet werden.

Tipp

Achten Sie auf eine nicht zu eiweißüberladene Ernährung. Behalten Sie den Überblick zu der täglichen Tagesportion und den zusätzlichen Leckerchen und eventuellen Kauartikeln.
Die beste Zahnbürste ist ein auf die Größe des Hundes abgestimmter Brustbeinknochen, der ein- bis dreimal wöchentlich angeboten wird. Dieser reinigt die Zähne, massiert das Zahnfleisch und fördert die Kaumuskulatur des Hundes.

Knochen sollten nur dann gefüttert werden, wenn der Hund daran gewöhnt ist, da es ansonsten durch den hohen Kalziumanteil im Knochen zu Kotanstauung (Verstopfung) kommen kann.
Eine sehr gute Kau- und Knabber-Alternative bieten die Kauwurzel, das Hirschgeweih oder bei älteren Hunden, die bereits lädierte Zähne haben, frische Strosse (Luftröhre).
Zusätzlich kann auch Seealgenmehl mehrmals wöchentlich oder auch täglich über einen Zeitraum von zwölf Wochen unter das Futter gemischt werden. Es verändert die Speichelsubstanz, sodass Zahnstein sich leichter entfernen lässt und auf Dauer reduziert wird.
Eine weitere Möglichkeit der Zahnpflege ist die Verwendung von Natron aus dem Drogeriemarkt. Lösen Sie 5 Tabletten in höchstens 5 ml lauwarmem Wasser auf und putzen damit die Zähne Ihres Hundes, entweder mit einer Zahnbürste oder mit einem um den Finger gewickelten Läppchen. Wenn der Hund die Lauge verschluckt, macht das nichts aus. Sie ist nicht schädlich.

Kotfressen

Viele Besitzer kennen das Problem. Auf dem Spaziergang versucht der Hund, Kot von anderen Lebewesen zu erhaschen. Wir als Menschen finden das zwar ekelig, für den Hund ist es aber etwas ganz Natürliches.
Denn Kot enthält noch sehr viele Enzyme und Nährstoffe. Vielleicht versucht Ihr Hund dadurch Nährstoffdefizite zu kompensieren. Lassen Sie dies durch einen Tierheilpraktiker und/oder einen Ernährungsberater abklären.
Manchmal ist es aber einfach nur eine schlechte Angewohnheit, die durch erzieherische Maßnahmen in den Griff zu bekommen ist. Bitte sprechen Sie darüber mit Ihrem Hundetrainer.

Das Fressen von Pferdeäpfeln ist bei vielen Hunden sehr beliebt.

Bei manchen Hunden ist es aber auch eine Übersprunghandlung und das Bedürfnis, Aufmerksamkeit zu erregen.

Tipp

Füttern Sie mehrmals in der Woche Harzer Käse, Moorschlamm, Algen (Spirulina, Chlorella oder Braunalge, gern auch alles zusammen im Verhältnis 1:1) und diverse Kräuter wie Löwenzahn, Brennnessel, Ackerschachtelhalm oder Rotkleeblüten über vier bis sechs Wochen.

Wenn es sich wirklich um ein Nährstoffdefizit handelt, müsste sich das Problem mit den oben genannten Ergänzungsmitteln erledigen.

Erdefressen

Wenn Ihr Hund Erde frisst, hat er meist einen erhöhten Bedarf an Mineralstoffen und Spurenelementen.

Geben Sie ihm über vier bis sechs Wochen täglich je nach Größe des Hundes 1/2 bis 1 gehäuften Teelöffel Heilerde; auch Mineralstoffe aus reinem Vulkangestein oder Moorschlamm können hier das Problem beheben.

Grasfressen

Viele Hundebesitzer berichten mir, dass ihre Hunde sehr viel Gras fressen. Allerdings erbrechen die Hunde das Gras nicht, so wie man das von seinem Hund vielleicht kennt, der etwas gefressen hat, was schnellstmöglich wieder hinausbefördert werden soll, sondern grasen wie Kühe am Wegesrand. Woran liegt das?

Der Hund versucht, sich über das Fressen von Gras mit basischen Stoffen zu versorgen. Das bedeutet, durch ein Zuviel an Magensäure ist ihm übel und dieses Symptom versucht er mit dem Fressen von Gras zu beheben. Gräser enthalten viele sekundäre Pflanzenstoffe, zu denen wiederum Bitterstoffe gehören. Bitterstoffe aktivieren sämtliche Schleimhäute und unterstützen die Verdauung.

Wenn ihr Hund ab und zu mal Gras frisst, sollte das kein Problem darstellen. Achten Sie bitte nur darauf, dass das Fressen von Gras nicht zum Dauerzustand wird, denn dann sollten Sie

Durch das Fressen bestimmter Grassorten versorgt sich der Hund mit sekundären Pflanzenstoffen.

schnellstmöglich zu einem Tierheilpraktiker oder Tierarzt Ihres Vertrauens gehen. Denn vielleicht verbirgt sich dahinter ein Magenproblem.

Schutz gegen Parasiten

Zum Schluss möchte ich noch ein Thema, das mir besonders am Herzen liegt, ansprechen. Es handelt sich um bestimmte Maßnahmen, mit denen man den Hund vor einem Wurmbefall schützen kann, die sozusagen vorbeugend wirken, sowie die extreme Belastung des Organismus durch chemische Mittel, die vor Floh- und Milbenbefall schützen sollen. Denn auch hier kann die Natur eine zusätzliche Belastung des Organismus verhindern.

Besonders Hunde, die sich viel in freier Natur aufhalten, sollten vor Parasiten geschützt werden.

Natürlicher Schutz gegen Würmer und andere Darmparasiten

Wenn der Darm gesund ist, wird sich dort kaum ein Parasit ansiedeln, denn in einem gesunden Milieu mit einer starken Immunabwehr ist dies fast unmöglich. Durch die ständigen und vor allem prophylaktischen Entwurmungen seitens der Schulmedizin wird die Darmflora mehr und mehr zerstört und dann haben Parasiten jeglicher Art freie Bahn.

Durch die in meiner Praxis angewandte Resonanzanalyse wird für jeden Hund individuell getestet, welche Art von vorbeugenden Maßnahmen geeignet ist. Allerdings gibt es mittlerweile einige Kombinationspräparate, die das Darmmilieu stärken und einen guten Schutz vor Wurmbefall bieten.

Eine natürliche Reinigung des Darms verschaffen Fellstreifen, Kokosflocken oder Hagebuttenkerne. Durch die feinen Härchen reinigen sie wie ein Straßenbesen den Darm.

Fellstreifen können Sie mindestens zweimal wöchentlich füttern. Hagebuttenkerne und Kokosraspeln geben Sie nach Bedarf ins Futter.

Die Papaya-Kapseln bestehen aus getrockneten Früchten und Blättern und zersetzen durch den hohen Anteil an Enzymen Würmer. Diese werden dann ausgeschieden. Papaya-Kapseln haben aber noch einen weiteren Effekt. Sie stärken die Darmflora, unterstützen die Bauchspeicheldrüse und fördern die Eiweißverwertung.

Oben genannte Empfehlungen können prophylaktisch nach Bedarf angewandt werden, denn sie belasten weder Stoffwechselorgane noch die Darmflora.

Um ganz sicher zu sein, dass der Hund keine Belastung durch Endoparasiten hat, kann man Kot über drei Tage sammeln und von einem Labor untersuchen lassen. Bitte sprechen Sie dazu Ihren Tierheilpraktiker oder Tierarzt an.

Natürlicher Schutz gegen Zecken, Flöhe und Milben

Auch hier gibt es Möglichkeiten, um einen natürlichen Schutz vor diesen Ektoparasiten zu gewährleisten. Es gibt mittlerweile viele empfehlenswerte Präparate auf dem Markt, die aus ausgesuchten ätherischen Ölen bestehen.

Hinweis!

Bitte achten Sie darauf, ob Ihr Hund ätherische Öle vertragen kann. Manche Hunde reagieren mit Rötungen der Haut oder auch Juckreiz.
Als Alternativen gibt es zum Beispiel Mischungen aus Molke-Extrakt oder Kokosöl; sie sind allerdings nur für kurzhaarige Hunde zu empfehlen.

Knoblauch sollte nur in Maßen verwendet werden, schützt aber wirksam vor Plagegeistern.

Zur inneren Unterstützung:
Reine Bierhefe für Hunde oder Knoblauch in Maßen.
Geben Sie zweimal wöchentlich entweder eine frische Knoblauchzehe auf 500 g Gemüse und dann alles zusammen püriert oder alle zwei Tage 1 Prise Knoblauch-granulat ins Futter.
Während der Zeckenhochsaison (April bis Juni) gibt es noch weitere Möglichkei-ten, um diesen Plagegeistern, die leider einige gefährliche Krankheiten übertra-gen können, vorzubeugen.

Tipp

Ich füttere in der Zeckenhochsaison relativ wenig tierisches Eiweiß, dafür sehr viel Gemüse und gebe immer mal wieder Knoblauchgranulat (siehe oben) und reine Bierhefe ins Futter.

Zecken gehören zu den Spinnentieren, deshalb mögen Sie keine pralle Sonne sondern bevorzugen ein feuchtes, kühles Klima wie es zum Beispiel in Wäldern herrscht. Deshalb sollten Sie Ihren Hund idealerweise sowohl innerlich wie auch äußerlich schützen, wenn Sie mit ihm im Sommer durch Wälder und/oder hohe Gräser laufen möchten. Trotzdem sollte man den Hund nach solchen Spaziergän-

Hat sich eine Zecke doch festgesaugt, sollte sie möglichst schnell und fachgerecht wir hier mit einer Zeckenzange entfernt werden.

gen sofort nach eventuellen Parasiten absuchen, denn je kürzer die Zeit ist, die sich eine Zecke am Hund festgesaugt hat, desto geringer ist die Gefahr, dass Krankheitserreger übertragen werden.

Kranke Hunde oder Hunde mit einem schlechten Hautmilieu werden sehr häufig von Parasiten bevorzugt. Wenn Sie einen Hund haben, der oft von Zecken und anderen Parasiten heimgesucht wird, sollte sein Allgemeinzustand näher betrachtet werden. Eventuell sind die Stoffwechselorgane belastet oder das Hautmilieu muss gestärkt werden. Wenden Sie sich an einen Tierheilpraktiker Ihres Vertrauens, um Ihren Hund dauerhaft zu stabilisieren.

Anhang

Über die Autorin

Nadine Gelhaus, Jahrgang 1976, lebt seit Ihrer Kindheit mit Tieren verschiedener Arten zusammen. Mit zehn Jahren bekam sie ihren ersten eigenen Hund Bonny. Bonny bekam im Alter von neun Jahren eine heftige Allergie. Da die Schulmedizin keinen Rat mehr wusste, beschloss sie, nach ihrer Ausbildung zur Groß- und Außenhandelskauffrau eine Ausbildung bei der FAT (Freies Ausbildungsinstitut für alternative Tiermedizin) zu beginnen. Im April 2000 absolvierte sie vor der DGT (Deutsche Gesellschaft der Tierheilpraktiker & Tierphysiotherapeuten) ihre Prüfung.

Innerhalb ihrer Ausbildungszeit befasste sie sich immer mehr mit der Ernährung und kam zu dem Schluss, dass eine wirkliche Heilung nur mit einer gesunden Ernährung erreicht werden kann.

Die Autorin mit ihrem Hunderudel.

„Du bist, was du isst".

Dieser Satz gilt auch für unsere Tiere. Deshalb gehört für Nadine Gelhaus eine natürliche, artgerechte Ernährung des Tieres mit zur ganzheitlichen Behandlung. Denn ohne eine natürliche Ernährung können dem Patienten noch so viele entgiftende und immunstärkende Präparate verordnet werden – sie werden leider nicht zum Erfolg führen. Und warum nicht? Weil immer neue „giftige" Stoffe zugeführt werden.
Der Grund dafür ist, dass alles, was kein natürliches Nahrungsmittel ist, über Leber und Nieren ausgeschieden werden muss, damit es den Organismus nicht vergiftet.

Es wird zwar behauptet, dass die Ernährung und die medizinische Versorgung unserer Tiere immer besser werden – leider sieht die Realität anders aus. Allergien, ob auf der Haut sichtbar oder im Verdauungstrakt spürbar, sowie Krebs, Hyperaktivität oder Probleme im Bereich des Bewegungsapparates, werden immer häufiger. Deshalb gilt es, das Immunsystem zu stärken und die Stoffwechselorgane zu entlasten – und das können wir nur mit natürlicher, artgerechter Ernährung.

Die Autorin möchte mit dieser Fibel erreichen, dass Sie sich nicht mehr von der Nahrungsmittelindustrie angestifteter Massenhysterie „Wir sind nicht in der Lage, unsere Hunde ausgewogen oder gar richtig zu ernähren" anstecken lassen und Sie ab sofort wieder auf Ihr Bauchgefühl hören.

Literaturverzeichnis

Becvar, Wolfgang: **Naturheilkunde für Hunde.** Franckh-Kosmos Verlag, 2003.

Ferber, Renate: **Hundeleckerli selbst backen.** Oertel+Spörer, 2011.

Grimm, Ulrich und Jörg Zittlau: **Vitaminschock.** Droemer Verlag, 2002.

Grimm, Ulrich: **Katzen würden Mäuse kaufen.** Heyne Verlag, 2009.

Hartmann, Michael: **Patient Hund.** Oertel+Spörer, 2010.

Koller, Raphaela: **BARF-Rezepte.** Oertel+Spörer, 2013.

Schäfer, S. L. und Messika, B. R.: **BARF – artgerechte Rohernährung für Hunde.** Kynos Verlag, 2005.

Verma, Vinod: **Ayurveda für Hunde.** Oertel+Spörer, 2013.

Manuskript Ausbildung FAT Gelsenkirchen (Freies Institut für Tierheilpraktiker & Tierphysiotherapeuten).

Pernaturam Magazin: Die Natur weiß den Weg.

Weiterführende Links

www.ganzheitliche-haustiergesundheit.de
www.guddi-wurst.de
www.sanat.tv